前　　言

随着陆地战略资源日益短缺以及经济的全球化进展,海洋资源的开发利用已成为沿海各国的重要发展战略之一,也成为地球资源保护与开发的关注热点。

海洋资源开发和利用能力对于一个国家的科研、经济实力具有重大的影响及意义。由于海洋资源开发利用和地球环境监测的迫切需求,促进了水下机器人、水下潜器等无人水中移动载体技术的发展。能源供给技术是水中移动载体系统的关键技术,能源技术对海洋人工系统的生存、作业、自主能力提升具有重要意义。目前海洋移动人工系统主要依赖自携带能源形式,针对水中移动载体的能量自补给技术研究还处于探索阶段。

地球表面70％的面积被海水所覆盖,海水中蕴藏着巨大的波浪能。具有环保、再生特色的波浪能开发利用技术长期以来一直受到国内外科研人员的关注。随着海洋战略地位的提升,海洋自主人工系统已成为海洋科学技术的重点发展内容。利用波浪能为海洋人工移动载体进行能量补给,是海洋波浪能利用的一种新的方法和思路。这对于提高海洋人工系统的自主生存、续航能力,提高人类在海洋资源与环境的探测、开发利用等方面的技术能力无疑具有重大意义。因而研究面向海洋人工系统的波浪能利用机理和系统实现技术无疑具有广泛的应用前景。

本书针对海洋人工移动载体自主能量获取利用这一重大科学技术需求,介绍了基于惯性摆的移动载体波浪能自主获取机理以及相关设计理论和技术方法。

  本书从理论分析和实验方法两个方面开展论述,重点分析了惯性摆的外激励能量获取机理,基于惯性摆的波浪机械能获取理论的可行性;介绍了惯性摆载体的水动力学建模,原理样机上的仿真实验,频域下的能量建模和优化,非线性波浪条件模拟,惯性摆载体的能量获取结构优化等。本书可使读者可以系统地了解海洋波浪能获取技术的最新发展,及其在海洋移动载体能源获取中的应用。

  本书第 1、2、3、5 章由沈阳建筑大学的张颖撰写;第 4 章由李孟歆撰写;第 6 章由许可、侯静撰写;第 7 章由杜发仓撰写,最后定稿和校对由张颖完成。张辉、王鑫等同志为此书的撰写投入大量精力,在此一并表示感谢!

  由于著者水平所限,书中难免有不足之处,诚恳欢迎读者和有识之士批评指正。

著 者

目　录

第1章 绪 论

1.1 研究背景

地球表面海洋总面积为 3.61 亿 km^2,约占全球总面积的 71%,海洋中蕴藏着巨大的自然能量,如潮汐能、波浪能、海流能、温差能、盐差能和化学能等。其中由风和水的重力作用构成的广泛分布的波浪现象具有可观的动能和势能,一直是人类关注的能源获取来源。

据估计,世界范围分布的潜在的波浪能可以满足全球 10%～15% 的电能需求。近年来,随着海洋资源与地球环境状况对人类社会、国家安全以及经济作用的影响日益增大,研究与开发海洋资源、获取海洋自然能量、监视与保护地球环境已日益成为具有战略意义的前沿研究领域。

小型、高效、自主运动的海洋人工系统,例如,AUV 系统、水下仿生机器人系统、自主巡航武器系统、海洋环境监测平台等,是世界各国近年来大力研究和开发的海洋科学研究与应用的前沿领域,海洋自主人工系统对海洋资源的开发和探索、环境的有效监控和利用、国家安全等具有重要的科学意义和战略意义。

海洋人工系统涉及的技术有很多,如能源、控制、导航、动力、传感技术等,其中,能源问题是其关键技术之一。对于海洋人工移动载体,能量的自补给技术尤其有意义。海洋人工移动系统的能量自主补给技术的发展,对其生存、巡航性能和作业能力的提高具有重要意义。

1.2 研究目的与意义

自主人工系统在海洋中应用的一个技术难题是能量的补给与自给。目前的人工水中移动系统以及无人海洋监视作战系统等,主要以有源能量系统(如电池等)方式工作。典型锂一次电池组能量密度为 190～223 W·h/kg;锂二次电池组能量密度为 65～144 W·h/kg,电池的携带量只能依据特定任务制定,工作时间为几十小时。由于海洋面积广袤,有限能源的技术限制了对海洋人工系统,

特别是移动人工系统的应用,带来的主要问题是:

① 由于海洋环境与相关技术条件因素,水中/下人工系统以回收、对接形式的能量补给具有较大的难度。

② 由于自带能量无法再生和及时补给,因而水中人工系统的生存和作业能力、活动范围均受到极大限制。

③ 一次性能源系统不能满足海洋人工系统进行大范围、长时期的任务值守的要求,也不能对环境、资源、突发情况提供及时监视等。

④ 不能构成动态海洋监测网络,不能满足海洋技术发展的需要。

随着海洋人工系统的发展,能量自补给将成为必须解决的关键问题之一。如果能够设计一种机构或装置,使得海洋人工系统可以自主获取并利用波浪能,那么在合理利用绿色能源的同时,也解决了海洋人工系统能量自主获取与补充的问题。

因而研究海洋条件下的自然能量自主获取和利用技术,设计出适应海洋条件,可自主获取并利用波浪能的能量转换系统,可以有效解决大范围移动海洋人工系统的能量自补给问题。这对促进自主海洋人工系统研究水平的提高,自然能的获取与利用科研水平的提高,对发展和利用我国海洋科学,提升国家对海洋控制能力,实现面向海洋开发利用的可持续发展无疑具有重要意义。

本书针对自主海洋人工移动系统的能量补给问题,开展了波浪能转化为海洋移动人工载体可利用能量的机理研究;开展了基于随机波浪能量的机械能获取转化理论方法的分析与研究;研究设计了具有将波浪能转化为可利用的机械能的理论方法和实现技术;开展了相关仿真与原理性实验,并通过结构优化方法研究,提出系统优化方法,为水下自主移动系统的能量获取、补充等提供理论研究基础。该方法的提出将为海洋能的利用和开发开创新的学科方向,并为水下航行器等人工载体的能源供给问题提出新的解决方案。

1.3 国内外研究及发展现状

波浪能的利用技术研究由来已久,第一个波浪能装置在 18 世纪末由法国的 Girards 父子提出。基于充分科学背景的波浪能利用装置研究则始于 20 世纪 70 年代[2]。波浪能的主要利用方式是通过采集波浪能具有的势能和动能来驱动特定机械装置形成可利用的能量输出,其主要输出形式为电能。

目前世界很多国家都在研究和利用波浪能装置构建海洋发电系统。按照系锚方式不同,可分为固定式和漂浮式;按照装置的能量提取方式不同,可分为直接式和间接式;按照安装位置不同,可分为沿岸式、近岸式及离岸式。点式吸收体是指在波浪运动条件下,彼此之间相对运动产生能量输出的能量吸收形式,对于移动载体自主获取波浪能来说,是比较适于采用的方法[3]。

1.3.1　点式吸收体

所谓点式吸收体是指其尺寸同波长相比相对很小的装置[4]。Budal 和 Falnes[5-8] 以及 Evans[9] 对于点式吸收体在理论上做出了重大贡献,Falnes 把波浪能的吸收看作是偶然(激励)波和辐射波之间相互的一种破坏性作用(见图 1-1)。

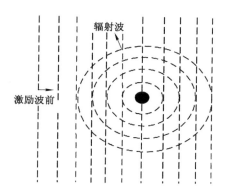

图 1-1　在两个干扰力作用下的波浪能模式

Falnes[8] 和 Evans[9] 指出一个在微幅波作用下可以进行小幅简谐振荡的完全浸没的圆柱体可以在规则波作用下有效地吸收波浪能。他们指出垂直轴对称结构可以吸收的最大能量等于波长为 λ 的规则波在波前宽度 λ/2π 上所包含的能量。这个宽度被定义为装置的“捕获”宽度或者“吸收”宽度。Falnes[6-8] 和 Evans[9] 进一步指出,理论上,在垂直振荡模式下,仅有 50% 的偶然波浪能可以被轴对称体所吸收。Evans[10] 通过在载体几何形状上做一些相应的假设,将上述结论加以扩展使非轴对称体包括进去。非对称体如点头鸭(Salter Duck)或者对称体在两种模式下振荡时可以达到 100% 的能量吸收。这一点已经由点头鸭(20 世纪 70 年代开发的典型非对称装置)的高效报道所证实。

如图 1-2 所示,对于点吸收体来说要吸收大于其物理尺寸捕获宽度上的能量在理论上是可行的。然而,装置的尺寸越小,为了最大限度捕获能量,它振荡的幅度就要越大。若吸收体振荡幅度大于波浪幅度时,则可以说二者达到谐振,对于给定频率的偶然波,具有出现最大捕获能量的最优的相位和振幅。但是,真实海况具有多频率波谱,因而,必须要不断调节装置确保其至少在多数主要频率范围内[11-16]。

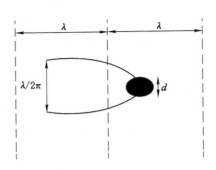

图 1-2   升沉运动的直径为 d 的
对称圆柱体的捕获宽度

1.3.2   已有波浪能利用方法及装置

图 1-3 给出了几种利用不同的波浪运动形式(升沉、横荡、滚动)的具有代表性的波浪能提取装置示意图[17]。

下面对已有的几种典型波浪能转换装置的原理及原型样机进行介绍并作比较。

1.3.2.1   "点头鸭"(Salter Duck)式波浪能转换装置

1974 年,Salter 在著名的国际刊物 *Nature* 上发表了后来被称为《Salter 点头鸭波浪能装置》的著名论文,提出了一种独特的波浪能转换方法[18],使二维正弦波的转换效率可接近 90% 左右,如图 1-3 中⑩所示。由于该装置的形状和运行特性酷似鸭的运动,因而称其为"点头鸭"。入射波的运动使得动压力可有效地推动鸭身绕轴线旋转。另外,除动压力外,流体静压力的改变也使接近鸭嘴的浮体部分做上升和下沉往复运动。由于这两种压力所产生的运动是同相位的,在波浪运动的一个周期内,点头鸭将动能和位能二者同时通过液压装置转化出去,然后再由液力/电力系统把动能转换为电能。

Mynett 等[19]对二维正弦波中运行的点头鸭装置特性做了分析(见图 1-4),研究结果表明,在理想运行条件下,点头鸭转换效率接近 90%。Serman[20]等对 Mynett 的结果作了进一步研究,研究了不规则波作用下的点头鸭性能。结果表明,在不规则波作用下,系统效率要低许多。Salter 点头鸭虽然是一种有效的波浪能转换装置,但它的严重不足在于:装置可靠性差,在恶劣的海洋环境下,装置极易损坏。所以 Salter 点头鸭没有得到广泛推广。

1.3.2.2   海蛇号(Pelamis)波力装置

由英国海洋动力传递公司(Ocean Power Delivery Ltd)于 1998 年 1 月接手研制,2002 年 3 月完工的海蛇号属于漂浮式波浪能装置,它具有蓄能环节,因而

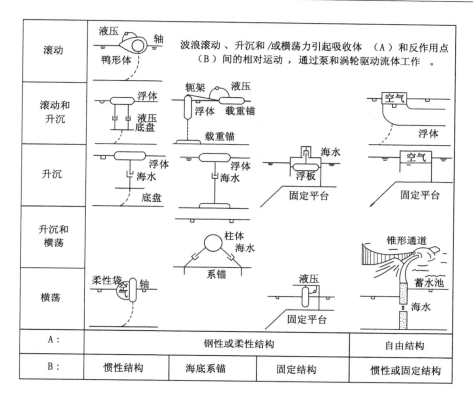

图 1-3 波浪能转换方法简图

可以提供与火力发电相当稳定度的电力。Pelamis 装置由一系列半浸没的圆柱部分通过铰接形式连接在一起（如图 1-5 所示），波浪引起这些圆柱部分的相对运动，而通过液压马达加有高压油的液压泵阻止其运动。液压马达驱动发电机进行发电。所有铰接处获取的能量都通过一根电缆传输到海床上的接合处。也可以将多个 Pelamis 连接起来共同工作，然后将获取的能量传输到同一根海床电缆上。波浪能传输公司 1999 年获得了在苏格兰小岛附近的安装 375 kW 样机装置合约，该装置早在 2002 年就已开始工作，每年将产生超过 2.5×10^6 kW·h 的电能，足以为 150～200 户家庭提供电能[21-24]。

1.3.2.3 AquaBuoy 波浪能装置

2007 年 9 月中旬美国 Finavera 可再生能源公司宣布，在俄勒冈州 Newport 海岸开发成功 AquaBuoy 2.0 波浪能转换器。AquaBuoy 2.0 波浪能转换器由 4 个组件构成：浮标、加速管、活塞和软管泵。

活塞在空腔内的运动，使加速管延伸或压缩软管泵。软管泵为钢增强的橡

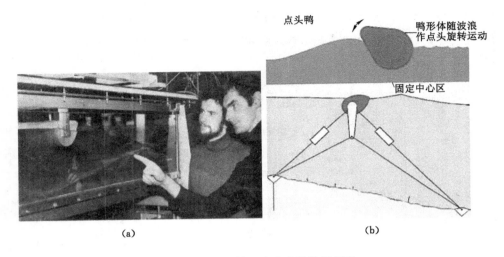

图 1-4　1974 年第一个点头鸭装置问世

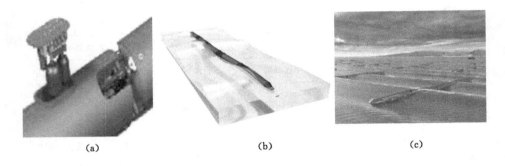

图 1-5　海蛇号波浪能装置

胶软管,当软管被延伸时,它就作为泵。受压缩的海水被挤出进入高压蓄能器,继而进入涡轮,驱动发电机。这是北美西海岸设置的第一台波浪能转换器,将于 2010 年用于海洋波浪商业化发电。

　　AquaBuoy 系统(见图 1-6)组成的发电系统是模块化的,可以从几簇的 AquaBuoy 组成的系统到数以百计的 AquaBuoy 组成阵列式的系统[25],其理想输出功率从几百瓦到数百兆瓦。

1.3.2.4　Manchester_bobber 波浪能装置(见图 1-7)

　　在注意到软木塞在水中晃动之后,研究科学家们着手设计一种能将波浪动力转化为电力的机器。曼彻斯特大学的流体力学教授和发明家 Peter Stansby 发明了"Manchester Bobber"——一种带有半淹没浮子的机构,它能随着波浪的

(a) (b) (c)

图 1-6 Aquabuoy 波浪能装置

传播而上下移动,旋转一个与感应发电机相连的飞轮以带动一个滑轮运动。与其他波能装置相比,Manchester Bobber 具有简单性和鲁棒性。只有浮子与水接触,所有机械和电气部件安全地放置在机构水面上方。维护更加容易、经济。其原型机的 1/10 比例系统如图 1-7(a)所示。[26]

 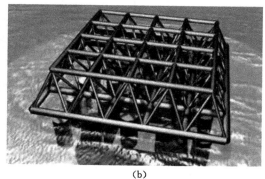

(a) (b)

图 1-7 Manchester_bobber 波浪能装置

1.3.2.5 Fred_olsen_wec 波浪能装置(见图 1-8)

该 WEC 装置是由挪威的 Fred Olsen 有限公司所开发的,看上去如同一个可以漂浮的下面带有蛋形柱体传统的钻塔,通过柱体的上下运动吸收波浪能,然后通过液压系统-液压电动机驱动发电机发电,将线性垂直运动转化成旋转运动。

1.3.2.6 Seavolt_wave_rider(见图 1-9)

Wave Rider 具有一种可以在波浪作用于海洋表面时可以随其上下振荡的特殊的浮体,液压电路捕获波浪缓慢滚动的能量,然后将其转化成高压的液体

图 1-8　Fred_olsen_wec 波浪能装置

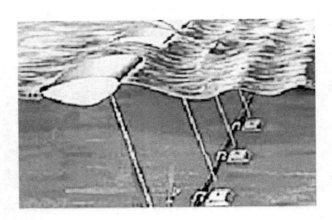

图 1-9　Seavolt_wave_rider 波浪能装置

流,转动涡轮进行发电[27,28]。

1.3.2.7　振荡水柱(Oscillating Wave Converter,OWC)式波浪能转换装置

　　1984 年以来建成的大部分装置都是振荡水柱式波浪能转换装置,如挪威500 kW 岸式波浪能装置,英国的 75 kW 岸式波浪能装置,英国的 500 kW 岸式波浪能装置,葡萄牙的 500 kW 岸式波浪能装置,欧共体的 OSPREY 号,日本的Mighty Whale 号漂浮式波浪能装置,印度 150 kW 沉箱式波浪能装置,中国3 kW、20 kW 岸式振荡水柱波力电站以及最近建成的 100 kW 岸式振荡水柱波力电站[29-32]。

　　振荡水柱式波浪能转换系统自提出以来,就受到各国波浪能界研究人员的重视,是目前世界上最流行的波浪能系统。尤其是日本在这方面的研究最为出色,首次在商业上应用了此类波浪能转换系统,为导航设备如浮标灯等提供电力[33]。该装置的独特之处在于可以依靠共振来加强水柱运动。在对振荡体进行研究时发现,当振荡体处于共振状态时,入射波与辐射波的联合作用使得物体入射波方向的波高增加,而振荡体背部的波高减小,从而增加了波浪能转换装置的效率。气室内的水柱由于波浪的作用做上下往复运动,且本身具有一固有频率,当入射波的频率与固有频率相近时,系统将产生共振,从而加大气室内水柱的振幅。水柱的作用如同一活塞,并导致水柱自由表面上部的空气柱产生振荡运动,空气在气室上方形成气流进出通道孔,连接涡轮机,从而将高速空气动能转换为电能(如图 1-10 所示)。

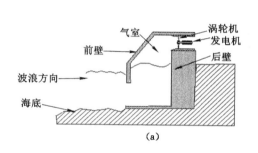

图 1-10　振荡水柱波浪能装置

(a) 近岸振荡水柱装置简图;(b) Mighty whale 波浪能装置

振荡水柱式装置的最大优点:透平机组等相对脆弱的机械部分只与往复流动的空气接触,不与波浪接触,因而比与波浪直接接触的直接式波浪能装置的抗恶劣气候性能好,故障率低。但其缺点也很明显,建造费用昂贵,转换效率低。该装置通过压缩空气驱动透平对外做功,由于往复流中空气透平的效率较低,装置将波浪能转换为电能的总效率约为 10%～30%。

日本海洋科学技术中心(JAMSTEC)于 1987 年开始基于振荡水柱波浪能转换方法的研究并建造离岸漂浮波浪能转换系统——"Mighty Whale",该系统采用系锚系统在离岸海面工作,可以将波浪能转换成电能,再通过线缆传输出去。研究人员通过 2 维和 3 维造波水池的模型试验对其相关水动力性能进行了研究,并于 1998 年 9 月进行了原型样机的海上试验,获得了成功[45]。

1.3.2.8　OWEC 波浪能装置(见图 1-11)

OWEC 波浪能装置由美国 OWECO 波浪能公司研制开发,包括漂浮的浮体以及浸没在水下的浮体,其原理是:由于波浪的运动使浮体产生相对运动,驱动管内的线性发电机发电。该装置已经在造波池中进行了相应的实验研究,用以观察其在可控流体动力学条件下机械响应及电响应,模型置于水池中间,部分浮体浸没于水中,其余的结构均浸没在水下。实验表明,虽然电能输出相对于模型尺寸来说较低,仅有30%的波浪能量被吸收,但是,该装置可以将波浪能运动能量转化为可以测量的、可拓展的电能,也可以将多个 OWEC 相互连接组成阵列,形成能量网。

图 1-11　OWEC 波浪能装置

1.3.2.9　三叉戟式波浪能装置(见图 1-12)

三叉戟式波浪能装置是 2003 年面向水下可再生能源市场开发的一种装置,而且在 2004 年相关研究人员开始了其有源系统的研究与开发。开始时,任务就是要开发一种创新的、低成本的、对环境的影响尽可能小的一种可升级的装置。由工程师、科学家以及技术人员共同组成科研梯队,采用严谨的方法对其进行研究、开发和测试。公司与剑桥大学合作,开发了一系列模型用于在正式实验测试前预测系统性能。该装置采用直接能量转换方法,用设置在海面的漂浮体为线性发电机提供 80% 的能量,可以立即产生电能。直接能量转换方法(DECM)是最简单的水下可再生能源产生系统,具有自我保护功能,不需要依赖于水力学[36]。

1.3.2.10　海狗号(Seadog)波浪能转换装置(见图 1-13)

海狗号抽水泵属于点式吸收体类型的波浪能转换装置,它通过运动的水柱抽取气体、液体以及其中的化合物,将浮体作为波浪能转换为机械能的途径。水泵产生的机械能可以转换为电能或用于提供饮用水,而受压的气体可以用于其他多种用途,如制冷以及驱动涡轮等设备[37]。

1.3.2.11　收缩波道式波浪能转换装置

收缩波道式波浪能装置是基于聚波理论的一种波浪能转换装置。聚波理论最早由挪威特隆姆大学的 Falnes[38] 和 Budal[39] 提出。收缩波道式波浪能装置

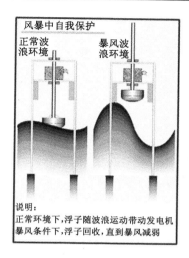
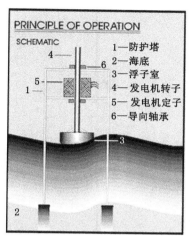

图 1-12　三叉戟式波浪能装置

图 1-13　海狗号波浪能装置

如图 1-3 中①所示,它具有一个比海平面高的高位水库和一个渐收的波道(收缩波道)。其转换效率在 65%～75% 之间,几乎不受波高和周期的影响。其典型的应用为波龙(wave dragon)装置(见图 1-15),该装置属于离岸波浪能装置,根据波浪条件不同,可以提供 4～10 MW 的电能[40-42]。

1.3.2.12　摆式波浪能转换装置

摆式波浪能转换装置是利用装置的运动部件,在波浪的推动下,将其从波浪中吸收的能量转换成机械能或势能,从而直接对外做功或转换为电能的装置。这种装置从分类上讲应属于固定式、直接波浪能转换装置。

世界上许多国家对这种装置进行了研究。装置原理简图如图 1-16 所示,该装置通过一个能在水槽中前后摇摆的摆板从波浪中吸取能量,然后通过一台单

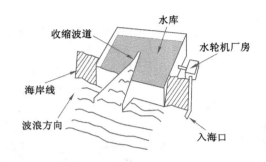

图 1-14　收缩波道式波浪能装置简图

图 1-15　波龙(wave dragon)波浪能装置

向作用的液压泵将能量转换出去,用来驱动发电机发电。摆板的运行很适合波浪的低频特性,它的阻尼主要来源于液压装置。日本室兰工业大学于 1983 年在北海道室兰附近的内浦湾建造了一座推摆式电站,电站的摆宽为 2 m,最大摆角为 ±30°,波高 1.5 m,周期 4 s 时的正常输出约为 5 kW,总效率约为 40%,是日本电站中效率较高的一座。但是不幸的是该电站在建成不到两年的时间内,便在一次暴风雨中被毁。此外由中国国家海洋局海洋技术研究所研制的 30 kW 摆式波力电站于 1999 年 6 月开始实海况试验,电站所发的电首先对蓄电池充电,然后再供给用户使用。在入射波高为 1～6 m 时电站输出约为 1～30 kW。

1.3.2.13　振荡浮子式波浪能转换装置(见图 1-17)

　　振荡浮子式装置是在振荡水柱式装置的基础上发展起来的波浪能发电装置,它用一个放在港中的浮子作为波浪能的吸收载体,然后将浮子吸收的能量通过一个放在岸上的机械或液压装置转换出去,用来驱动电机发电。日本和美国的研究人员已研制了几种利用浮子相对于固定或浮动参照点的运动来发电的波浪能发电装置[43-45]。

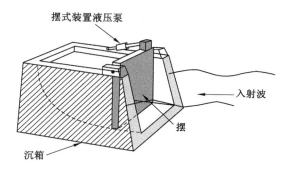

图 1-16 摆式波浪能装置简图

图 1-17 振荡浮子式波浪能装置

由我国自主研发的 100 kW 鹰式装置"万山号"也属于这种装置,"万山号"在 2015 年 11 月投放至广东省珠海市小万山岛海域,2016 年 6 月,完成了两阶段实海况试验,最大日发电量达到 1 847.09 kW · h[46,47]。

1.3.2.14 PS Frog and Frog(见图 1-18)

兰卡斯特大学 1985 年开始 Frog 波浪能装置的研究,该装置同时具有纵向和俯仰两个自由度的运动(PS Frog 和 Frog)。French 对其进行了优化设计,Bracewell 建立了相应的水动力学模型,而 Folley 通过研究获得了最有效的装置结构[48]。

PS Frog 为 Frog 的改进形式,如图 1-19 所示,为一个倒置锤形结构,目前已经到 PSFROG MK5 的研究阶段[49,50],其结构将得到进一步的改进。其计算及造波池试验均表明,该装置的能量捕获宽度比可以达到 66%。

我国从 20 世纪 80 年代初开始对固定式和漂浮式振荡水柱波浪能装置以及摆式波浪能装置进行研究。1985 年,中国科学院广州能源研究所成功开发了利用对称翼透平的航标灯用波浪发电装置。2005 年初,在广东省汕尾市遮浪半岛,我国自主研发的波浪能独立稳定发电系统第一次海况试验获得成功,这是世界首座波浪能独立稳定发电系统。此外,我国还研制了一种波浪能发电系统,即振荡浮子岸式波浪能转换装置。该装置采用振荡浮子作为波浪能的吸收载体,

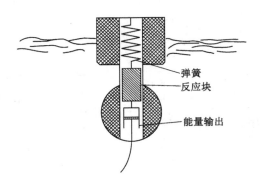

图 1-18　Frog 波浪能装置

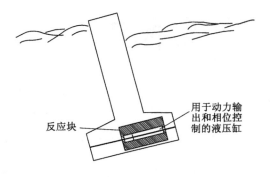

图 1-19　PS Frog 波浪能装置

然后将浮子吸收的能量通过一个机械或液压装置转换出去,用来驱动电机发电。

　　以上讨论的几种典型的波浪能转换装置还包括很多变形,其基本原理是相同的,多是利用图 1-3 所示的几种波浪能获取方式进行能量的提取。对于封闭型结构,如 Frog 等,主要利用载体与内部运动质量间的相对运动进行能量提取,也是基于锚定方式、固定区域波浪能提取的方法。对于非封闭型结构,如点头鸭等,则是在加以锚定基础上,利用结构本身随波浪的运动,在外部形成相对运动或直接驱动液压或发电机等进行能量的提取,适合固定区域波浪能的提取。由此可以看出,现有波浪能转换方法多采用位置相对固定及大型装置,以发电利用形式为主,这些技术难以满足海洋人工载体的动态条件下能量自主获取要求。因此,需要研究提出新的技术途径。

1.3.3　海洋人工载体能量获取方式

　　目前水下机器人等海洋人工移动载体的动力能源主要有两种:一种是采用一次或可充电二次电池(锂电池或碱性电池)或质子交换膜燃料电池提供能源,

如美国研制的远程环境监测装置 REMUS 和自持式拉格朗日探测器 ALACE 及其改进型 APEX、SOLO、MARVOR 等,均采用这种能源方式[51,52]。由于受携带能源的制约,作业时间受到限制,难以进行长时间远程巡航或持续特定海域作业。此外,能量补给费用较高,甚至可以达到载体成本的 50% 左右。

另一种是利用环境能源(太阳能、海浪能和温差能)的研究应用[53]。如 2001 年美国韦伯研究公司(Webb Research Co.)和斯克里普斯海洋研究所(SIO)共同研发的 SLOCUM 滑翔器(SLOCUM glider)及 SLOCUM 大洋监测系统,如图 1-20 所示,其核心技术就是温差能驱动技术。

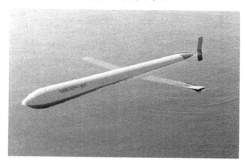

图 1-20 温差能驱动机器人

这种利用温差能驱动的水下滑翔器(水下滑翔机器人)技术研究的主要特点是利用海面与深水间的温度差所产生的温差能量作为驱动能源。需要 10 ℃ 左右的温差才能被驱动,而海水温度在表层(海面至 60 m 深)大约为 26 ℃～27 ℃,60～300 m 为变温层,温度变化不大,而在 300 m 以下温度才降至 4 ℃ 左右。为获得能量,温差能驱动机器人需要反复深度下潜才能不断获得温度差能量,因而效率很低。温差能驱动的水下检测平台与电能驱动的相比,具有噪音小、续航时间长、成本低等优点[49]。

目前,许多国家都相继开始了将环境能源用于海洋机器人驱动等方面的研究,如荷兰科学家特奥•扬森研制成功了名为"海滩异形"的风力驱动机器人,在海风吹拂下可以悠闲地迈步[52]。2005 年由天津大学机械工程学院主持、国家海洋技术中心参加的国家"863 计划"项目"温差能驱动的海洋监测平台关键技术研究"通过了专家验收。该成果具有自主知识产权,关键技术指标达到国际先进水平,可应用于海洋动力环境监测、海洋赤潮监测、海洋资源探测,并可用于构建立体监测网络系统。

美国 1997 年研制成功的首个以太阳能为能量的太阳能水下机器人(见图 1-21)[55],只需要在重新潜入到水下 500 m 深处之前短时间浮到水面,即可补充动力。

图 1-21　太阳能水下机器人

罗杰·海恩第一次提出了波浪能滑翔器的设想,并于 2005 年着手关于波浪能滑翔器的研究,2007 年成立了 Liquid Robotics 公司,并于 2009 年推出了第一代波浪能滑翔器,2017 年 10 月发布了下一代机器人"波浪滑翔器"(Wave Glider),是一种可以穿越海面的无人运载工具,能够在较长时间内在波涛汹涌的海面上收集情报、监视和侦察数据,同时携带更多的有效载荷。

2014 年我国将波浪滑翔器无人自主观测系统列为"863 计划"予以重点发展,并取得初步成果[56]。

波浪滑翔器(见图 1-22)的驱动原理:当水面浮体由波谷移动到波峰位置时,浮体被抬高,通过柔性缆索带动水下滑翔器向上运动,水下滑翔器翼板上侧

图 1-22　Liquid Robotics 波浪滑翔机工作原理

的水流冲击翼板上一个水平方向的分力。当水面浮体由波峰移动到波谷位置时,水下滑翔器依靠自身重力下降,翼板下侧的水流冲击翼板顺时针翻转,同时在翼板上产生一个水平方向的分力,如图 1-23 所示[57]。

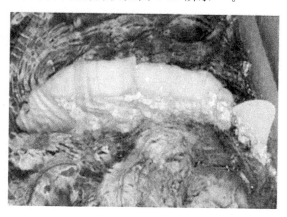

图 1-23　多关节仿生机器鱼

中国科学技术大学为解决仿生机器鱼水下长期服役的能源瓶颈问题,提出利用波浪能摆动关节来发电的多关节仿生机器鱼能源自给系统。根据随机波浪理论分析了海浪的频谱特性和获能潜力,设计了利用关节摆动发电的能源获取系统,并建立该系统的机电模型[58,59]。

1.4　本　章　小　结

海洋人工移动载体的能量自补给问题是自主式海洋人工系统发展面临的一个关键问题。研究采用波浪能的有效转化和利用技术将为海洋人工系统的能量自补给提供新的技术途径。但目前开展的面向海洋人工载体能量自补给的波浪能转化利用研究尚不多见,基于波浪环境的动态外激励能量获取与利用理论方法和实现有待进一步研究。针对该类科学问题,本书开展了基于惯性摆的波浪能自主获取机理与方法研究。

第2章 波浪理论及惯性摆波浪能获取概念

2.1 引 言

为了研究波浪能的吸收与利用,对波浪参数、特性及波浪理论的研究和分析是必不可少的。通过对波浪运动特点的了解,才能找到适合进行波浪能转换利用的合理结构形式。本章将针对海洋波浪运动条件下自由运动载体的波浪能自主转换吸收与利用问题,通过研究线性波浪理论和非线性波浪理论,给出一种新的波浪能吸收转换原理。

2.2 海洋波浪基本参数

海洋表面波在时间和空间上是非线性的、随机的,但是为了便于理解及应用,可以将其近似简化为正弦波。其具有三个基本参数,分别为:波浪周期 T,为两个连续的波峰通过某一固定点的间隔时间;波高 H,为波峰到波谷的垂直距离;平均水深 h,为静水面到海底的距离。

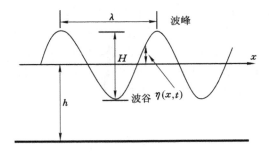

图 2-1 正弦波波浪基本参数

定义波长 λ,为两个连续波峰或两个连续波谷间的水平距离。波长与波浪周期及水深有关,满足散色关系:$\omega^2 = gk\tanh(kh)$,其中 $\omega = 2\pi/T$ 为角频率;g

为重力加速度;$k=2\pi/\lambda$ 为波数。在一个波浪周期内波峰运动距离为一个波长,因此波速 $C=\lambda/T=\omega/k$。

真实的海浪条件是随机的,经常用一些统计参数来描述,如有义波高 H_s 和能量周期 T_e。有义波高可定义为波峰到波谷的平均波高最大值的 1/3,而且其最接近于视觉上的波高。能量周期定义为波谱峰值出现时的频率的倒数。

2.3　线性波理论

2.3.1　控制方程

本节首先对流场线性波理论作以简要说明,详细内容可参见文献[60,61]。流场线性波理论通常假设波浪为不可压缩的(密度为 ρ)、无旋的、无黏性流体。根据无旋条件和质量守恒可以得出下列条件:

$$\nabla\times u = 0 \tag{2-1}$$

$$\nabla\cdot u = 0 \tag{2-2}$$

式中,∇ 为矢量微分算子。由此可以定义速度势函数 φ,进而可以获得速度场 $\xi(u,v,w)$,$\xi=-\nabla\varphi$ 或者

$$u=-\frac{\partial\varphi}{\partial x},v=-\frac{\partial\varphi}{\partial y},w=-\frac{\partial\varphi}{\partial z} \tag{2-3}$$

将式(2-2)、式(2-3)联立,可以在流场域内得出式(2-4)所示的速度势拉普拉斯方程,该方程必须满足一定的边界条件(如图 2-2 所示)。

$$\nabla\cdot\nabla\varphi = \nabla^2\varphi = \frac{\partial^2\varphi}{\partial x^2}+\frac{\partial^2\varphi}{\partial y^2}+\frac{\partial^2\varphi}{\partial z^2} = 0 \tag{2-4}$$

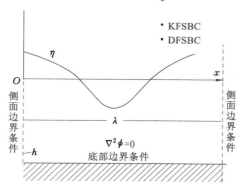

图 2-2　波浪边界值问题

解决边界值问题的主要困难在于自由表面处的条件说明,因为自由表面是

连续变化的。当振荡幅度较小时,可以假设自由表面为静水面,是个常数。

流体动量方程可以由贝努利方程来描述:

$$-\frac{\partial \varphi}{\partial t} + \frac{1}{2}(u^2 + v^2 + z^2) + \frac{p}{\rho} + gz = C(t) \qquad (2\text{-}5)$$

其中 $C(t)$ 为时间变量,不随空间改变而改变。

2.3.2　边界条件

对于固定的底部边界,假设海床是不可渗透的,速度为零,即:

$$w = -\frac{\partial \varphi}{\partial z}\bigg|_{z=-h} = 0 \qquad (2\text{-}6)$$

对于自由表面有两个边界条件:运动学自由表面边界条件(KFSBC)和动力学自由表面边界条件(DFSBC)。KFSBC 可以由时间变量 $z = \eta(x,y,t)$ 获得:

$$w = \left(\frac{\partial \eta}{\partial t} + u\frac{\partial \eta}{\partial x} + v\frac{\partial \eta}{\partial y}\right)\bigg|_{z=\eta(x,y,t)} \qquad (2\text{-}7)$$

KFSBC 意味着自由表面上的粒子不会穿越水平面,而 DFSBC 在自由表面处维持一个常压,且可以通过在式(2-5)中将自由表面处的压力设定为零获得。

$$-\frac{\partial \varphi}{\partial t} + \frac{1}{2}\left[\left(\frac{\partial \varphi}{\partial x}\right)^2 + \left(\frac{\partial \varphi}{\partial y}\right)^2 + \left(\frac{\partial \varphi}{\partial z}\right)^2\right] + g\eta = C(t) \qquad (2\text{-}8)$$

式(2-7)和(2-8)为非线性的,使得边界值问题的求解变得很重要。对于微幅波,通过做线性假设[60,61],可以分别写出如下条件:

$$w = \frac{\partial \eta}{\partial t}\bigg|_{z\cong0} \qquad (2\text{-}9)$$

$$\eta = -\frac{1}{g}\frac{\partial \varphi}{\partial t}\bigg|_{z\cong0} \qquad (2\text{-}10)$$

联立后可得:

$$\frac{1}{g}\frac{\partial^2 \varphi}{\partial t^2} + \frac{\partial \varphi}{\partial z}\bigg|_{z=\eta\cong0} = 0 \qquad (2\text{-}11)$$

波浪的传播在时间和空间上具有周期性,因此,带有周期的边界条件可以写为:

$$\varphi(x,t) = \varphi(x+\lambda,t), \varphi(x,t) = \varphi(x,\lambda+T) \qquad (2\text{-}12)$$

2.3.3　边界值问题求解

通过分离变量的方法可以将速度势以三个变量来描述:$\varphi = X(x)Z(z)T(t)$,因此,根据公式(2-4)可以得出:

$$\frac{1}{X}\frac{\mathrm{d}^2 X}{\mathrm{d}x^2} = -\frac{1}{Z}\frac{\mathrm{d}^2 Z}{\mathrm{d}z^2} = -k^2 \qquad (2\text{-}13)$$

其中,k 为常数,称为波数。对于微幅波,当前的任务是要在满足公式(2-6)、(2-

11)和(2-12)规定的边界条件下找到公式(2-13)的通解。文献[60][61]给出了解的表面位移、速度势和散射关系：

$$\eta = \frac{H}{2}\cos(kx - \omega t) \tag{2-14}$$

$$\varphi = -\frac{H}{2}\frac{g}{\sigma}\frac{\cosh k(h+z)}{\cosh kh}\sin(kx - \omega t) \tag{2-15}$$

$$\omega^2 = gk\tanh(kh) \tag{2-16}$$

这些公式是求解波浪问题的重要结论。因此，波浪频率和波数（或者波长）不能任意选择，但是必须符合公式(2-16)的散射关系。从以上的分析中，可以得到粒子速度和加速度的表达式。例如，水平速度和相应的加速度可以写成：

$$u = -\frac{\partial \varphi}{\partial x} = \frac{H}{2}\omega\frac{\cosh k(h+z)}{\cosh kh}\cos(kx - \omega t) \tag{2-17}$$

$$\dot{u} = -\frac{\partial u}{\partial t} = -\frac{H}{2}\omega^2\frac{\cosh k(h+z)}{\cosh kh}\sin(kx - \omega t) \tag{2-18}$$

因此，在自由表面下任一水深 z 处由水静力学和动力学部分组成的压强为：

$$p = -\rho gz + \rho g\eta K_p(z)$$

$$K_p(z) = \frac{\cosh k(h+z)}{\cosh kh}$$

2.3.4　波浪能

每单位波浪宽度上的总波浪能可以由势能和动能的总和来计算获得，在一个波长内势能和动能的平均值分别为[62]：

$$\bar{P} = \frac{1}{\lambda}\int_0^\lambda \rho g\frac{\eta}{2}\mathrm{d}x = \rho g\frac{H^2}{16} \tag{2-19}$$

$$\bar{K} = \frac{1}{\lambda}\int_0^\lambda\int_{-h}^\eta \frac{\rho}{2}(u^2 + v^2)\mathrm{d}x\mathrm{d}z = \rho g\frac{H^2}{16} \tag{2-20}$$

因此，总的波浪能为 $E = \bar{P} + \bar{K} = \rho g\frac{H^2}{8}$，单位为 $\mathrm{J/m^2}$ 或 $\mathrm{N \cdot m/m^2}$。

每个波浪周期的能量为波浪功率谱密度，如式(2-21)所示。图 2-3 给出了波浪周期和振幅对功率密度的影响关系。

$$P_{\mathrm{density}} = E/T = \rho gH^2/(8T) = \rho ga^2/(2T) \tag{2-21}$$

其中，P_{density} 为波浪功率谱密度。

在垂直水面波向正交处能流量 F_l 为：

$$F_l = \int_{-h}^\eta p_{\mathrm{D}} \cdot u\mathrm{d}z = \int_{-h}^\eta \rho g\eta K_p(z) \cdot u\mathrm{d}z \tag{2-22}$$

其中，p_{D} 为在水深 z 处动压力；u 是速度。将式(2-14)至式(2-17)代入式(2-22)则可获得一个波浪周期内穿过截面的随机波浪能：

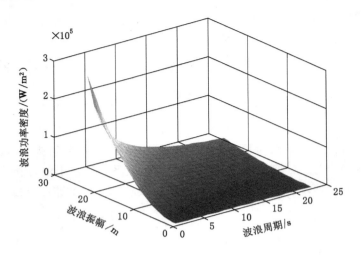

图 2-3　波浪功率密度

$$P_w = \frac{1}{T}\int_0^T F_l\,dt = \frac{1}{T}\int_0^T\int_{-h}^{\eta}\rho g\eta K_p(z)\frac{H}{2}\omega\frac{\cosh k(h+z)}{\cosh kh}\cos(kx-\omega t)\cdot dz\cdot dt$$

$$= \frac{1}{8}\rho g H^2\frac{\omega}{k}\left[\frac{1}{2}\left(1+\frac{2kh}{\sinh 2kh}\right)\right] \tag{2-23}$$

2.4　随机海浪的相关数学描述

在规则波情况下,如 2.3 节所描述的条件下,平均波浪能由线性波理论来确定,对于二维规则波其自由表面可以描述为(考虑波向角及相位):

$$\eta(x,y,t) = a\cos(kx\cos\gamma + ky\sin\theta_w - \omega t + \varepsilon) \tag{2-24}$$

其中 ω、ε、γ 分别为波浪角频率、相位以及波向角;$a = H/2$ 为波浪振幅。

对于非线性波,自由表面 $\eta(x,y,t)$ 是高度不规则,不可重复且相当复杂的。然而,Longuer Higgins 已经证明随机海中 $\eta(x,y,t)$ 可以被认为是多个相关波向角、振幅、相位和频率的简谐波的线性叠加。可以描述为:

$$\eta(x,y,t) = \sum_{n=1}^{\infty} a_n\cos(k_n x\cos(\gamma)_n + k_n y\sin(\gamma)_n - \omega_n t + \varepsilon) \tag{2-25}$$

而随机海浪下总的平均波浪能为:

$$\overline{E} = \frac{1}{2}\rho g\sum_{i=1}^{\infty}(a)_i^2 \tag{2-26}$$

总和 $1/2(a)_i^2$ 定义为谱密度函数:

$$\sum_{f}^{f+\Delta f} \frac{1}{2}(a)_i^2 = S(f)\Delta f \tag{2-27}$$

或者,方向谱密度函数:

$$\sum_{f}^{f+\Delta f}\sum_{\theta}^{\theta+\Delta\theta} \frac{1}{2}(a)_i^2 = S(f,\theta)\Delta f\Delta\theta \tag{2-28}$$

在谱能量函数下的能量是波浪能谱的总能量,用参数 m_0 表示。高阶矩的谱密度函数可以定义为:

$$m_n = \int_0^\infty f^n S(f)\mathrm{d}f \tag{2-29}$$

往往用于测定统计波参数,是具有代表性的频谱。公式(2-27)、(2-28)和(2-29)在决定平均波浪能及其他海洋相关问题上具有很重要意义的函数。在许多实例中,谱密度函数 $S(f)$ 或者方向谱密度函数 $S(f,\theta)$ 可以由离散波浪能谱中波浪频率、方向和统计参数(如有义波高及峰值频率)等获得。

具有多个参变量的谱函数 $S(f)$ 已经逐渐演变成一维谱(无方向),广泛应用的有表 2-1 所示的几种形式[62,63]。

表 2-1 中, $S(f)$ 为海洋表面位移的方差,单位为 m^2/Hz; f 为谱峰值能量时具有的频率; f_0 为谱能量峰值的频率; H_c 为特征波高。

表 2-1　　　　　　　　　　　　　　　**参量波浪谱**

名称和表达式	参数说明
P-M 谱 $$S(f) = \frac{A}{f^5}\exp\left(-\frac{B}{f^4}\right)$$	$A = \frac{5}{16}H_c^2 f_0^4$ $B = \frac{5}{4}f_0^4$
斯科特谱 $$S(f) = 1.34H_c^2\exp-\left[\frac{(f-f_0)^2}{0.01(f-f_0+0.042)}\right]^{1/2}$$	适用于 $-0.041 < f-f_0 < 0.26$ 的范围,超出该范围取 0
JONSWAP 谱 $$S(f) = \frac{5}{16\gamma^{1/3}}\left[\frac{f}{f_0}\right]^{-5}\exp\left[\frac{-5}{4}\left[\frac{f_0}{f}\right]^4\right]\gamma^3$$	其中, $$\gamma = \left[\frac{S(f_0)}{\frac{5H_c^2}{16f_0}\exp(-\frac{5}{4})}\right]^{3/2}$$

方向参数谱 $S(f,\theta)$ 可以拆分成一维谱密度函数 $S(f)$ 和与平均波向角 $\overline{\theta}$ 有关的方向传播因子 $G(\theta)$,即:

$$S(f,\theta) = S(f)G(\theta) \tag{2-30}$$

其中,

$$G(\theta) = g(s) \cos^{2s}\left(\frac{\theta - \bar{\theta}}{2}\right) \tag{2-31}$$

参数 $g(s)$ 为标准化函数以确保：

$$\int_0^{2\pi} G(\theta)\,\mathrm{d}\theta = 1 \tag{2-32}$$

其中 s 为经验传播系数，取决于当地的风波等条件。

2.5 基于惯性摆的波浪能获取概念

2.5.1 单摆和惯性摆

2.5.1.1 单摆

质量可忽略的细杆，其一端悬于固定点，另一端系一质量较大的质点，受重力作用而限定在某平面内摆动的装置称为单摆或数学摆。在摆锤受力情况下，单摆将围绕定点作简谐振动。

2.5.1.2 惯性摆

外力作用在其单摆的转轴处，使得摆锤受惯性力影响在外部作用力下进行水平、垂直等运动，同时其转轴也可以做包括水平、垂直还有绕轴转动等运动。

2.5.1.3 单摆和惯性摆的对比

单摆和惯性摆的工作原理简图如图 2-4 所示。

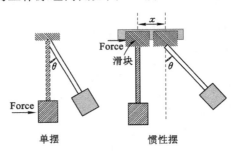

图 2-4 单摆和惯性摆

由图示结构可知单摆的原理是外作用力施加于摆锤引起单摆运动；而惯性摆是由于外动量施加于支撑轴，在惯性力作用下引起摆的运动，同时单摆的支撑轴是固定轴，而惯性摆的支撑轴可以做转动等多种运动（图示为水平运动）。

为了探讨单摆和惯性摆的实质区别，对尺寸、质量以及体积参数均相同的单摆和惯性摆施加同样振幅的外力，设外激励 $F = 100\sin(1.57t)$，如图 2-5（a）、（b）的左上图，分别作用在单摆摆锤以及惯性摆摆轴上。左下图均为摆杆相对于转轴的摆动角度,右图为时变的动能及势能变化以及其求和后的积分(积分曲线的最大值与最小值的差同对应的时间周期的比值为平均能量值)。在 AD-AMS 下分别建模进行仿真研究,获得结果如下:

从仿真结果可以看出,施加同样外激励的情况下,单摆的相对摆动角度为 ±1.75 rad,摆动角度较大,而惯性摆的相对摆动角度为 ±0.75 rad,摆动角度较小,这是由于惯性摆是在转轴运动后,本身具有静止的惯性,因而由转轴的运动带动了摆的运动而具有的相对的惯性角度,外能在转轴的运动上消耗了一定的能量,因而仅有部分能量传递到惯性摆上。但是,惯性摆的优势在于其转轴是可运动的形式,适合海洋载体移动时的能量吸收和获取。从能量获取方面,惯性摆在仿真时间内获取的平均能量约为单摆获取平均能量的 30%。

仿真实验表明(见图 2-5),惯性摆的相对摆角幅值较单摆要小,能量获取也要有所损失但单摆摆轴固定,惯性摆摆轴可运动,因而,对于移动载体的能量获取,惯性摆较单摆要适用,但需要对摆的形式及载体结构进行优化和改进,以使惯性摆获取更多的能量比率。

此外,由单摆和惯性摆的能量获取公式可以得到仿真的结果,如

$$W_{单摆} = mgh_1 + \frac{1}{2}mv_1^2$$

$$W_{惯性摆} = mgh_2 + \frac{1}{2}m(v_1 - v_2)^2$$

其中,惯性摆获取势能由于摆动角度为惯性运动产生的,所以较单摆摆动角度要小,另,惯性摆的摆动速度为摆速度和外部载体速度的相对速度,较单摆要小,因此,$W_{单摆} > W_{惯性摆}$。

2.5.2　波浪能获取及应用的总体设计思想

一般意义下,单摆或惯性摆系统具有能量为势能与动能的总和,即 $W = mgh + 0.5ma^2$。如果利用波浪的周期运动作为外激励驱动摆运动以保持其动能,则这种能量用来驱动机械传动机构,转换成可利用的机械能,就可以实现波浪能的获取与利用。这种思想的实例应用之一为机械自动手表,其利用特殊的机械结构,将人手臂的随机运动作为外激励驱动安装于手表内的单摆运动,从而产生可利用的机械能用于驱动表针运动。

基于该思想,这里提出了一种可用于波浪能量吸收与转换的惯性摆系统设计概念。其目的是研究一种新的自然能获取利用理论方法,以解决海洋人工系统的能量自补给问题。

假设质量为 m 的具有多自由度的惯性摆安装在质量为 M 的载体内,并且该载体漂浮于海面。则该载体的状态除受重力和浮力影响外,主要受波浪力的

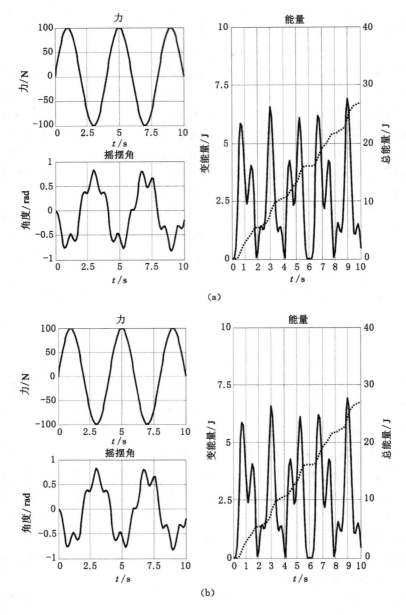

图 2-5　单摆和惯性摆的对比研究

（a）单摆，支点处施加固定副，外力作用在摆锤质心上；

（b）惯性摆，支点处施加移动副，外力作用在支点质心上

影响。在海面波浪的作用下,载体受到水动力的作用产生随波运动,载体的随波运动对惯性摆系统产生作用力使之运动,带动传递机构产生可利用能量,从而将外界能量转换为系统内能的方法,这是吸收利用波浪能的基本设计思想。图 2-6 给出了这样的波浪能获取系统示意图,在这样的系统中,载体提供漂浮状态所需要的浮力和结构支撑,惯性摆机构提供整个系统所需的能量(机械能和电能)。在该系统中,如果条件不变,惯性摆将始终处于一种相对运动状态。

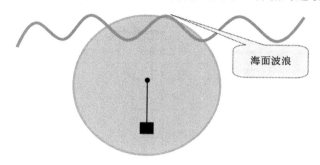

图 2-6　具有惯性摆的载体系统简图

惯性摆系统的结构设计示意图如图 2-7 所示,该机构基本结构为惯性摆及机械能转换装置构成。当载体受到波浪力作用运动时,摆将在惯性力的作用下产生摆动或者谐振,摆的运动驱动传递机构转换为有规律的机械运动。

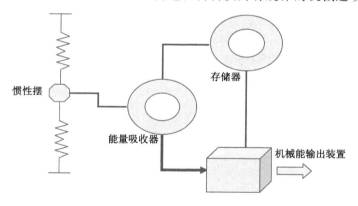

图 2-7　惯性摆能量获取利用系统设计

一般情况下,波浪运动的方向和幅度是随机的,但在统计意义上是稳定的[2]。因而惯性摆机构可以在波浪力的连续作用下产生较稳定的连续机械运动。由于波浪具有多向性和随机性,因而理想的惯性摆结构应具有多维自由度,以提高随机外激励下的能量转换效率。

基于惯性摆的自主能量获取系统结构示意图如图 2-8 所示。

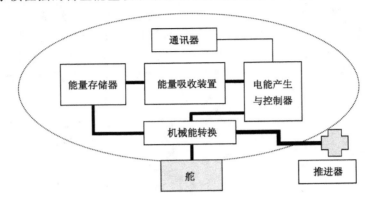

图 2-8　惯性摆能量获取系统示意图

2.5.3　基于惯性摆载体的波浪能吸收可行性研究

2.5.3.1　波浪力

基于惯性摆的海洋移动载体波浪能利用是基于波浪力作用的,因而首先需要研究对载体作用的波浪力情况。

通常对于小结构水中物体的受力分析采用 Morison 方程,但是 Morison 方程中惯性系数和阻力系数需要通过实验测定。因而这里采用了 Froude-Krylov 理论对海洋移动人工载体所受波浪力进行分析。Froude-Krylov 理论假定,结构周围的波浪场不因物体的存在而改变,作用在结构上的波浪力可直接根据入射波产生的压力沿浸湿表面积分得到。这些条件基本符合运动于海洋表面小型人工系统情况。

根据 Froude-Krylov 理论的假定,作用在结构上的波浪力可表示为:

$$F_x = C_H \iint_S pn_x \mathrm{d}S \qquad (2-33)$$

$$F_z = C_V \iint_S pn_z \mathrm{d}S \qquad (2-34)$$

式中,F_x、F_z 分别为作用在结构上的波浪力的水平分量和垂直分量;S 为结构的浸湿表面积;n_x、n_z 分别为 S 面上的外法线的水平和垂直方向的投影;C_H、C_V 分别为水平和垂直方向的波浪力系数。

设载体为浸没在波浪中的一半径为 R 的球体,其中心距海底高度为 z_0,引入球坐标如图 2-9 所示[65],则有:

$$x = R\sin\theta\cos\psi$$

$$z = R\cos\theta + z_0$$

其中，x 为水平向坐标；z 为垂直向坐标。分别表示水平和垂直波浪力的方向。

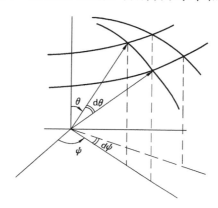

图 2-9　球坐标系

方向余弦：

$$\begin{cases} n_x = \sin\theta\cos\psi \\ n_z = \cos\theta \end{cases}$$

将面元：$\mathrm{d}S = R\mathrm{d}\theta \cdot R\sin\theta\mathrm{d}\psi$ 代入式（2-33）、（2-34），则可得到：

$$F_x = C_H \frac{\rho g H R^2}{2\cosh kh} \cdot 2\pi \cdot \frac{2}{3} kR\cos(kz_0)\sin\omega t \qquad (2\text{-}35)$$

$$F_z = C_V \frac{2\pi\rho g H k R^3}{3\cosh kh}\sinh(kz_0)\cos\omega t \qquad (2\text{-}36)$$

2.5.3.2　载体受二维波浪力激励下的运动学分析

为了研究波浪力作用下载体内惯性摆的运动状态，建立的简单载体-惯性摆模型如图 2-10 所示，并基于此建立简单具有惯性摆载体动力学方程。

假设：该球形载体仅受水平和垂直两个方向上的波浪力激励；载体壳体质量 M，半径 R；内部摆锤质量 m，半径 r；摆杆质量较小忽略不计，摆杆长度 l；摆杆同载体垂直轴间的夹角 θ；摆锤支点即壳体中心的坐标为（x, z），摆锤坐标为（x_m, z_m）；壳体和摆锤的转动惯量分别为 J_1、J_2；壳体动能 $E_{载体}$，势能 $P_{载体}$；摆锤动能 $E_{摆}$，势能 $P_{摆}$[66]。则摆锤运动方程为：

$$\begin{cases} x_m = x - (l+r)\sin\theta \\ z_m = z - (l+r)\cos\theta \end{cases} \qquad (2\text{-}37)$$

壳体和摆锤的转动惯量 J_1、J_2 分别为：

$$J_1 = \frac{1}{2}MR^2;\ J_2 = \frac{1}{2}ml^2 + m(r+l)^2$$

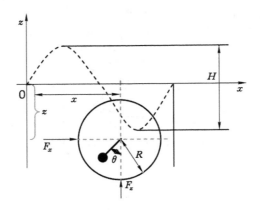

图 2-10　惯性摆载体模型简图

假设系统在水下悬浮（重力＝浮力），采用拉格朗日方法进行系统动力学分析。

动能：

$$E_{\text{总}} = E_{\text{载体}} + E_{\text{摆}} = \frac{1}{2}(\dot{x}^2 + \dot{z}^2) \cdot M + \frac{1}{2}J_1\left(\frac{\dot{x}^2 + \dot{z}^2}{R^2}\right) +$$

$$\frac{1}{2}(\dot{x_m}^2 + \dot{z_m}^2) \cdot m + \frac{1}{2}J_2\dot{\theta}^2 \tag{2-38}$$

势能：

$$P_{\text{总}} = P_{\text{载体}} + P_{\text{摆}} = -mg(l+r)\cos\theta \tag{2-39}$$

$$L = E_{\text{总}} - P_{\text{总}} = \left(\frac{3}{4}M + \frac{1}{2}m\right)\left(\begin{matrix}\dot{x}^2\\\dot{z}^2\end{matrix}\right) + m(l+r)\dot{\theta}(\sin\theta \cdot \dot{z} - \cos\theta \cdot \dot{x}) +$$

$$\frac{1}{2}m(l+r)^2 + \frac{5}{4}ml^2\dot{\theta}^2 + \frac{1}{2}mr^2\dot{\theta}^2 + mrl\dot{\theta}^2 + mg(l+r)\cos\theta$$

$$\tag{2-40}$$

根据拉格朗日第一方程，可知 l 应满足：

① $\dfrac{\partial L}{\partial x} = 0$; $\tag{2-41}$

$$\frac{\partial L}{\partial \dot{x}} = \left(\frac{3}{2}M + m\right)\dot{x} - m(l+r)\dot{\theta}\cos\theta \tag{2-42}$$

$$\frac{\mathrm{d}}{\mathrm{d}t}\left(\frac{\partial L}{\partial \dot{x}}\right) = \left(\frac{3}{2}M + m\right)\ddot{x} - m(l+r)\ddot{\theta}\cos\theta + m(l+r)\dot{\theta}^2\sin\theta \tag{2-43}$$

② 　$\dfrac{\partial L}{\partial z} = 0$; $\qquad\qquad\qquad\qquad\qquad\qquad\qquad$ (2-44)

$$\frac{\partial L}{\partial \dot{z}} = \left(\frac{3}{2}M + m\right)\dot{z} + m(l+r)\dot{\theta}\sin\theta \qquad (2\text{-}45)$$

$$\frac{\mathrm{d}}{\mathrm{d}t}\left[\frac{\partial L}{\partial \dot{z}}\right] = \left(\frac{3}{2}M + m\right)\ddot{z} + m(l+r)\ddot{\theta}\sin\theta + m(l+r)\dot{\theta}^2\cos\theta \qquad (2\text{-}46)$$

③ 　$\dfrac{\partial L}{\partial \theta} = m(l+r)\dot{\theta}(\cos\theta \cdot \dot{z} + \sin\theta \cdot \dot{x}) - mg(l+r)\sin\theta$; $\quad$ (2-47)

$$\frac{\partial L}{\partial \dot{\theta}} = m(l+r)(\sin\theta \cdot \dot{z} - \cos\theta \cdot \dot{x}) + 2m\dot{\theta}\left(\frac{5}{4}l^2 + \frac{1}{2}r^2 + rl\right) \qquad (2\text{-}48)$$

$$\frac{\mathrm{d}}{\mathrm{d}t}\left[\frac{\partial L}{\partial \dot{\theta}}\right] = m(l+r)\dot{\theta}\cos\theta \cdot \dot{z} + m(l+r)\sin\theta \cdot \ddot{z} + m(l+r)\dot{\theta}\sin\theta \cdot \dot{x} -$$

$$m(l+r)\cos\theta \cdot \ddot{x} + 2m\ddot{\theta}\left(\frac{5}{4}l^2 + \frac{1}{2}r^2 + rl\right)$$

$$\qquad\qquad\qquad\qquad\qquad\qquad\qquad\qquad\qquad\qquad (2\text{-}49)$$

且，

$$\frac{\mathrm{d}}{\mathrm{d}t}\left[\frac{\partial L}{\partial \dot{x}}\right] - \frac{\partial L}{\partial x} = F_x \qquad (2\text{-}50)$$

$$\frac{\mathrm{d}}{\mathrm{d}t}\left[\frac{\partial L}{\partial \dot{z}}\right] - \frac{\partial L}{\partial z} = F_z \qquad (2\text{-}51)$$

$$\frac{\mathrm{d}}{\mathrm{d}t}\left[\frac{\partial L}{\partial \dot{\theta}}\right] - \frac{\partial L}{\partial \theta} = 0 \qquad (2\text{-}52)$$

所以可以得出载体和惯性摆的动力学方程为：

$$\left(\frac{3}{2}M + m\right)\ddot{x} - m(l+r)\ddot{\theta}\cos\theta + m(l+r)\dot{\theta}^2\sin\theta = F_x \qquad (2\text{-}53)$$

$$\left(\frac{3}{2}M + m\right)\ddot{z} + m(l+r)\ddot{\theta}\sin\theta + m(l+r)\dot{\theta}^2\cos\theta = F_z \qquad (2\text{-}54)$$

$$(l+r)\sin\theta \cdot \ddot{z} - (l+r)\cos\theta \cdot \ddot{x} + 2\ddot{\theta}\left(\frac{5}{4}l^2 + \frac{1}{2}r^2 + rl\right) + g(l+r)\sin\theta = 0$$

$$\qquad\qquad\qquad\qquad\qquad\qquad\qquad\qquad\qquad\qquad (2\text{-}55)$$

2.5.3.3　仿真实验

为了研究惯性摆载体系统的波浪能获取情况，设定如下波浪条件及惯性摆载体条件。

波浪条件：周期 $T = 5$ s；波高（峰—谷）$H = 4$ m；海水深度 $h = 250$ m；海水密度 $\rho = 1\,000$ kg/m^3，装置距离海水表面高度 $z_0 = 1.1$ m。相当于四级海况。

装置条件:球形外壳半径 $R=0.24$ m;单摆长度 $l=0.145$ m;摆锤重量 $m=1$ kg,其他部分暂不考虑。

为了获得惯性摆系统能量获取情况、内部摆摆动情况以及惯性摆在载体的运动情况,对方程(2-53)~(2-55)采用 MATLAB/SIMULINK 对动力学模型进行仿真,其中输入部分参数含义如下:

R 为球体半径;

r 代表海水密度;

ch、cv 表示水平和垂直方向的波浪力系数;

T 为波浪周期;

g 为重力加速度;

z_0 为装置所处水下深度;

d 为水深;

H 为波高(峰—谷)。

输出分别为水平波浪力、垂直波浪力、装置水平方向轨迹、装置垂直方向轨迹、装置在垂直 2-D 平面的轨迹以及重力摆的摆角。

仿真结果:

设定仿真时间 50 s,采用 ODE45 算法,载体初始水平位移和垂直位移均为零,初始速度也为零。

图 2-11 至图 2-13 给出了惯性摆载体系统所受的波浪力、总体运动轨迹以及惯性摆运动在上述设定条件下的仿真结果。仿真实验表明:① 波浪力随时间呈正弦变化。② 载体运动呈周期性。③ 惯性摆的摆动与波浪频率一致。④ 惯性摆具有的能量呈周期性。图 2-14 所示为在上述条件下,摆的瞬时动能可达到 20 J,平均动能为 9.56 J。

2.5.4　物理实验研究

2.5.4.1　实验设计

为了验证上述理论分析和仿真实验,研究获取波浪能(外在随机激励)的惯性摆系统的设计可行性,进行了如图 2-15 所示的实验原理物理模型设计。该惯性摆的机构由棘轮棘齿、齿轮减速机构、卷簧、摆锤、连杆、发电机等构成。其中摆锤、连杆构成了一维惯性摆,棘轮棘齿系统将摆的往复运动转换成单向机械转动,减速机构和卷簧将这种单向机械运动转换成较稳定的机械能量输出。全部高度为 430 mm,加上为稳定系统的附加重量则整体高度为 620~680 mm;直径为 274 mm;整体质量为 8.75 kg。

该模型的滑动轴承效率为:0.92;圆柱轴承效率:0.95~0.98;棘轮棘爪(单向离合器)效率:0.92;齿轮效率:0.95~0.98;经过计算可知传递过程效

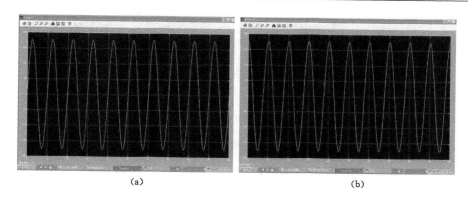

(a)　　　　　　　　　　　(b)

图 2-11　波浪力波形(横轴为时间,纵轴为幅度)

(a) 水平波浪力;(b) 垂直波浪力

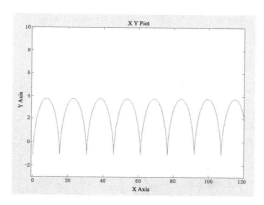

图 2-12　惯性摆载体的 x-z 平面运动轨迹

(横轴为水平位移,纵轴为振幅)

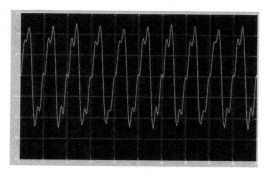

图 2-13　惯性摆摆角(横轴为时间,纵轴为幅度)

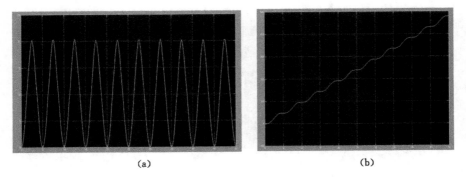

图 2-14　惯性摆动能及动能积分变化（横轴为时间，纵轴为幅度）

(a) 惯性摆动能变化；(b) 惯性摆动能的积分

率为：0.50～0.64。

　　所使用的发电机最大效率为 50%，通常情况下为 25%～50%，因此取 30% 进行计算。

　　该实验系统构成模型如图 2-15 所示。

图 2-15　实验样机模型

　　实验中采用系统悬挂，人工推动模拟外激励使惯性摆系统摆动。系统机械能输出经发电机产生电能输出，负载为一4.2 V 单节锂离子或锂聚合物充电电池。在电能输出端设计安装一升压/充电/检测电路，以验证电机输出是否达到锂电池最低充电电压（4.5 V），因为只有充电电压达到 4.5 V 以上时，才可以正常给锂电池进行充电。

实验框图如图 2-16 所示,其中升压电路在输入电压达 0.7 V 以上时,可以保证后面的充电电路正常工作,也就是当升压电路输入达到 0.7 V 时其输出电压方可达到充电电路的工作电压 4.5 V,保证充电电路可以正常工作。

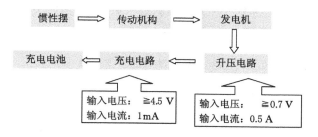

图 2-16　惯性摆装置为锂电池充电实验框图

实验中,取充电电路输入电压为 4.5 V,输入电流为 1 mA,升压电路效率为 78%,升压电路输出功率应达到:

$$P_{out} = 4.5 \times 0.001 = 0.004\ 5\ (W)$$

所以惯性摆到升压电路输出端(充电电路输入端)的效率应为:传递过程效率(50%)×发电机效率(30%)×升压电路效率(78%)。

则惯性摆传递到升压电路的功率:

$$P_{bai} = \frac{0.004\ 5}{0.78 \times 0.3 \times 0.5} = 0.038\ (W)$$

即,只要惯性摆输出功率达到 0.038 W 就可以给 4.2 V 锂电池进行充电。

2.5.4.2　实验过程及结果

在充电器线路板的输入端连接可调电源,对可以获得最低充电电压(4.5 V)时的输入电压值进行测试,测试结果如表 2-2 所示。

表 2-2　　　　　　　充电器线路板最低输入电压测试结果

u_{in}/V	0.67	0.86	0.71	0.68	0.31	0.44	0.56	0.66	0.70	0.69
u_{out}/V	4.07	5.13	5.14	4.70	0.26	0.35	0.48	3.63	5.14	5

由表 2-2 可见当充电器线路板输入端有 0.68 V 以上电压时,即可满足充电器充电要求。

2.5.4.3　实验样机输出电压测试

选用二种质量的惯性摆摆锤,质量分别为 m_1, m_2,且满足 $m_1 < m_2$,对这二种惯性摆摆锤质量分别进行不同振荡形式、不同摆角幅度以及不同振荡频率(不

同外激励频率）的实验，测量模型装置输出端的输出电压，结果如下：

惯性摆质量为小质量 m_1 时：

① 水平振荡

振荡频率相同（84 次/min），摆动角度不同时的输出电压变化与平均输出电压，如图 2-17 所示：

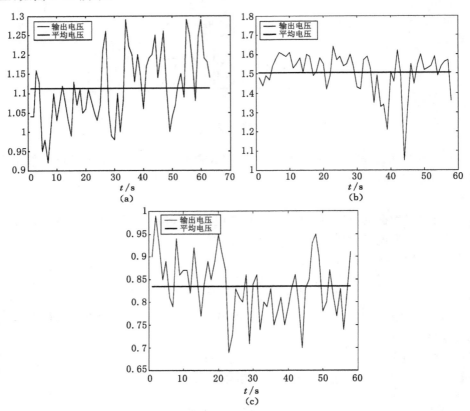

图 2-17　小质量块下不同摆动角度时的水平振荡实验结果（横轴为时间，纵轴为幅度）

（a）摆角为 30°时的输出电压；（b）摆角为 45°时的输出电压；（c）摆角为 90°时的输出电压

惯性摆摆动角度相同（45°），振荡频率不同时的输出电压变化与平均输出电压，如图 2-18 所示。

② 垂直振荡

振荡频率相同（73 次/min），摆动角度不同时的输出电压变化与平均输出电压如图 2-19 所示：

惯性摆摆动角度相同（45°），振荡频率不同时的输出电压变化与平均输出电

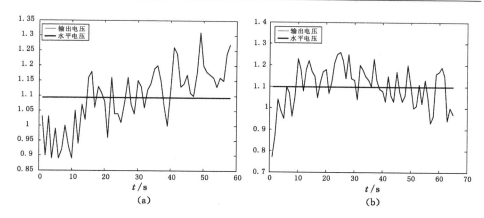

图 2-18 小质量块下不同振荡频率时的水平振荡实验结果(横轴为时间,纵轴为幅度)
(a) 振荡频率 78 次/min 时的输出电压;(b) 振荡频率 82 次/min 时的输出电压

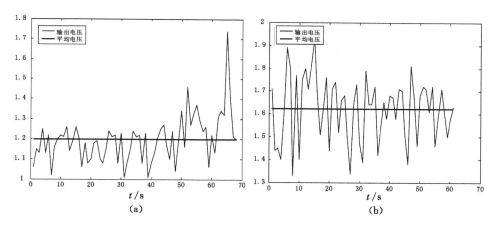

图 2-19 小质量块不同摆动角度时的垂直振荡实验结果(横轴为时间,纵轴为幅度)
(a) 摆角为 45°时的输出电压;(b) 摆角为 90°时的输出电压

压结果如图 2-20 所示。

惯性摆质量为较大质量 m_2 时:

① 水平振荡

振荡频率相同(76 次/min),摆动角度不同时的输出电压变化与平均输出电压如图 2-21 所示。

惯性摆摆动角度相同(45°),振荡频率不同时的输出电压变化与平均输出电压如图 2-22 所示。

② 垂直振荡

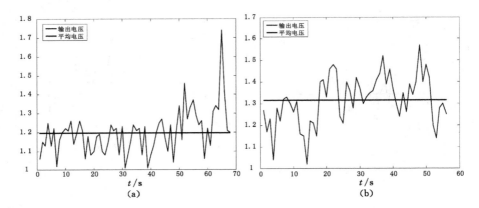

图 2-20　小质量块下不同振荡频率时的垂直振荡实验结果（横轴为时间，纵轴为幅度）
（a）振荡频率 73 次/min 时的输出电压；（b）振荡频率 75 次/min 时的输出电压

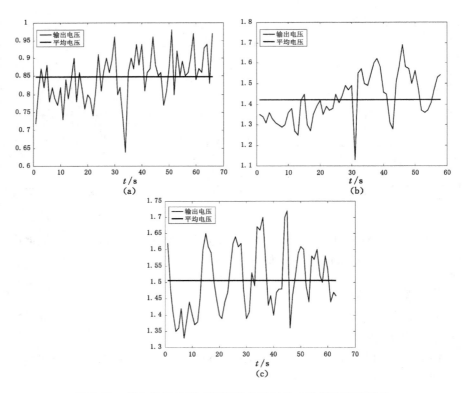

图 2-21　较大质量块下不同摆动角度时的水平振荡实验结果
（a）摆角为 30°时的输出电压；（b）摆角为 45°时的输出电压；（c）摆角为 90°时的输出电压

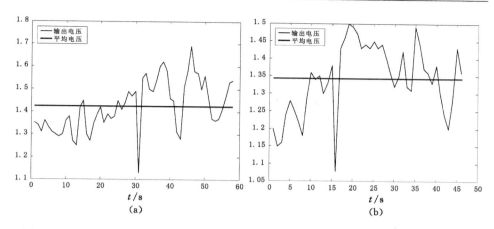

图 2-22　较大质量块下不同振荡频率时的水平振荡实验结果(横轴为时间,纵轴为幅度)

(a) 振荡频率 76 次/min 时的输出电压;(b) 振荡频率 78 次/min 时的输出电压

振荡频率相同(80 次/min),摆动角度不同时的输出电压变化与平均输出电压如图 2-23 所示。

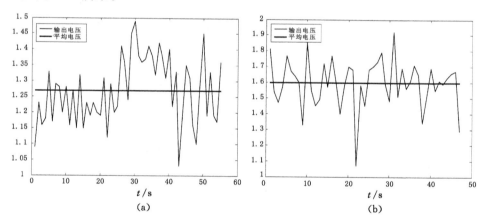

图 2-23　较大质量块下不同摆动角度时的垂直振荡实验结果

(a) 摆角为 45°时的输出电压;(b) 摆角为 90°时的输出电压

惯性摆摆动角度相同(45°),振荡频率不同时的输出电压变化与平均输出电压如图 2-24 所示。

实验结果分析:

输出电压与摆锤摆角近似成正比,即能量输出与摆锤摆动幅度呈正比。

输出电压与摆锤质量近似成正比,随着摆块质量增加,输出电压也有所增

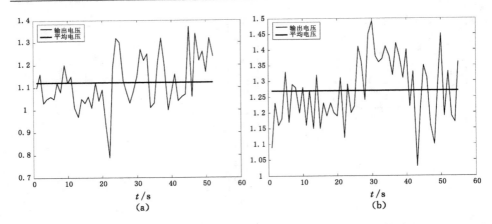

图 2-24 较大质量块下不同振荡频率时的垂直振荡实验结果

（a）振荡频率 78 次/min 时的输出电压；（b）振荡频率 80 次/min 时的输出电压

加；但当摆角接近 90°时，摆块质量对输出电压影响不大。可以通过调节摆块质量调节输出电压大小。

输出电压与外激励频率有关，外激励频率大时，输出电压也有所增加。已有文献表明，当外激励频率与摆锤摆动频率相同时，摆获取能量最大。

实验结果中输出电压平均值均大于 0.68 V，达到了对单节锂电池进行充电的效用。

多次实验结果表明，随机外激励动能可以驱动惯性摆系统做功，可以产生机械能。经过适当机构转换，可以获得一个较平稳的能量输出，实现对蓄电池等储能装置充电。惯性摆的能量获取形式可以有多种上述实验装置采用了一种最简单的、效率最低的一维摆结构。实验表明，如果要达到波浪能的有效利用，惯性摆的合理结构设计是至关重要的。

第 3 章 波浪环境中惯性摆系统建模与仿真研究

3.1 引　言

波浪运动具有随机性,因而波浪环境中移动载体的动力学与运动学描述比较复杂。为了研究具有惯性摆装置的载体结构及能量获取情况,需要考虑多自由度波浪力及水动力共同作用的情况,如研究具有六自由度的波浪力及水动力描述方法,建立相关动力学方程。而且在这种情况下,动力学方程间具有强耦合性,单纯采用数学方法求解该动力学方程比较困难,需要研究相应建模方法。此外,在需要分析载体内部惯性摆的运动状态时,采用可视化的分析方法将会更加简洁方便。因此,本章采用 ADAMS 动力学仿真方法对所建立的动力学方程进行分析描述,以了解载体及惯性摆在波浪环境中的运动情况及能量获取情况。

3.2 基于 ADAMS 的惯性摆载体建模

3.2.1 动力学分析软件 ADAMS 简介

随着科技的发展,计算机辅助设计技术越来越广泛地应用在各个设计领域。现在,它已经突破了二维图纸电子化的框架,转向以三维实体建模、动力学模拟仿真和有限元分析为主线的虚拟样机技术。使用虚拟样机技术可以在设计阶段预测产品的性能,优化产品的设计,缩短产品的研制周期,节约开发费用[67]。

在传统的设计与制造过程中,首先是概念设计和方案论证,然后进行产品设计。在设计完成后,为了验证设计,通常要制造样机进行试验,有时这些试验甚至是破坏性的。当通过试验发现样机缺陷时,又要回头修改设计并再用样机验证。只有通过多次的设计-试验-设计过程,产品才能达到要求的性能。这一过程是冗长的,尤其对于结构复杂的系统,设计周期无法缩短,更不用谈对市场的灵活反应了。样机的单机制造增加了成本,在大多数情况下,工程师为了保证产品按时投放市场而中断这一过程,使产品在上市时有各种各样的问题。在市场竞争背景下,基于物理样机上的设计验证过程严重地制约了产品质量的提高、成本的降低和对市场的占有率。

虚拟样机技术是从分析解决产品整体性能及其相关问题的角度出发,解决传统的设计与制造过程弊端的高新技术。在该技术中,工程设计人员可以直接利用 CAD 系统所提供的各零部件的物理信息及其几何信息,在计算机上定义零部件间的连接关系并对机械系统进行虚拟装配,从而获得机械系统的虚拟样机,使用系统仿真软件在各种虚拟环境中真实地模拟系统的运动,并对其在各种工况下的运动和受力情况进行仿真分析,观察并试验各组成部件的相互运动情况,它可以在计算机上方便地修改设计缺陷,仿真试验不同的设计方案,对整个系统进行不断改进,直至获得最优设计方案以后,再做出物理样机[68]。

虚拟样机技术可使产品设计人员在各种虚拟环境中真实地模拟产品整体的运动及受力情况,快速分析多种设计方案,进行对物理样机而言难以进行或根本无法进行的试验,直到获得系统级的优化设计方案。虚拟样机技术的应用贯穿在整个设计过程当中,它可以用在概念设计和方案论证中,设计师可以把自己的经验与想象结合在计算机内的虚拟样机里,让想象力和创造力充分发挥。当虚拟样机代替物理样机验证设计时,不但可以缩短开发周期,而且设计质量和效率得到了提高。

ADAMS(Automatic Dynamic Analysis of Mechanical System)软件是美国 MDI(Mechanical Dynamics Inc.)公司开发的机械系统动力学仿真分析软件,它使用交互式图形环境和零件库、约束库、力库创建系统动力学方程,对虚拟机械系统进行静力学、运动学和动力学分析,输出位移、速度、加速度和反作用力曲线。ADAMS 软件的仿真可用于预测机械系统的性能、运动范围、碰撞检测、峰值荷载等。

3.2.2 惯性摆载体系统的 ADAMS 仿真建模

为了对载体及其内部惯性摆在波浪力作用下的运动情况进行研究,这里进行了基于 ADAMS 的具有惯性摆的浮动载体系统动力学建模研究。在此基础上,开展了惯性摆的能量获取及载体运动情况分析研究。

为简化起见,假设浮动于海洋的惯性摆载体系统具有一个单自由度的惯性摆结构。该模型共包括四部分:壳体、摆锤、杆及与杆另一端连接的一个负载齿轮。

ADAMS 建模过程为:

① 打开 ADAMS12.0,创建建模空间;

② 在工具栏中选择 settings→working grid,确定空间网格的大小为 50 mm

×50 mm，工作空间的大小为 750 mm×500 mm；

③ 在工具栏中选择 settings→units settings，确定单位系，分别为：Meter、Kilogram、Newton、Second、Radian 和 Hertz；

④ 在主工具栏的 rigid body 下选择 Sphere，以（0，0，0）点为坐标原点及球体中心建立球体；

⑤ 在主工具栏的 rigid body 下选择 Hollow out a solid，将球体内部挖空，以建立封闭的壳体；

⑥ 在主工具栏的 rigid body 下选择 Cylinder，一端在（0，0，0）点处，另一端按照摆杆长度设定，建立摆杆；

⑦ 在摆杆的另一端重新建立一个球体或者圆柱体，与摆杆相连；

⑧ 在主工具栏的 Joint 下选择 Revolute，在球形壳体和摆杆间建立旋转副，旋转点设在球体上一点（0，0，0）点，该点需另行设置在球形壳体上；

⑨ 在主工具栏的 Joint 下选择 Fixed，在摆杆和摆锤之间建立固定副，同样设定点应为摆杆或摆锤上的接触点上，且该点应为摆杆或摆锤上一点；

⑩ 该过程忽略了摆齿部分，建立时可与其同摆杆视为一体，建立后采用 Fixed 功能，连成一体。

运用 ADAMS 建立该系统的仿真模型如图 3-1 所示。

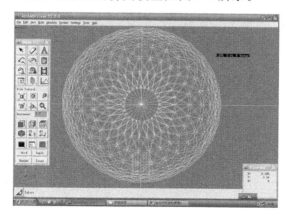

图 3-1　ADAMS 中建立的系统仿真模型

通过该模型，可获得惯性摆载体总的动力学及运动学方程，也可以获得内部惯性摆的可视化运动状况及其摆角、动能及势能的变化情况，使得求解复杂的动力学和运动学方程的过程变得简单、可视。为了方便讨论在波浪力作用下载体内惯性摆的能量获取情况，这里忽略了惯性摆的负载及其对系统的运动学及动力学的影响。由此模型，可以进一步分析载体在不同波浪条件下的运动情况，内部惯性摆的运动情况以及能量获取情况。

3.3　惯性摆载体系统运动学动力学数学描述

为了在 ADAMS 模型中求取在特定海况下载体系统在波浪力作用下的运动状态，需要先建立系统在波浪力作用下的动力学方程及运动学方程，然后将所得到的约束关系及模型尺寸下的波浪力（矩）施加在模型中进行仿真研究。

惯性摆载体在水中主要受到重力、浮力及波浪力的作用，如果载体具有速度和加速度，还将受到水动力的影响。分析中做如下假设：

① 载体的重力与浮力相等，完全浸没于海水，位于海浪作用范围；

② 波浪为规则运动波。

3.3.1　系统坐标系

定义惯性摆载体系统坐标系如图 3-2(a)所示，其中坐标系 $E-X_eY_eZ_e$ 为空间惯性坐标系，即参照（地面）坐标系 E，坐标系 $O-xyz$ 为载体运动坐标系 B，定义于载体质量中心。定义载体速度坐标系 W 如图 3-2(b)所示，其中 u、v、w 分别是动坐标系 W 原点速度的 3 个投影分量，p、q、r 是绕动坐标 W 原点转动角速度的 3 个投影分量。

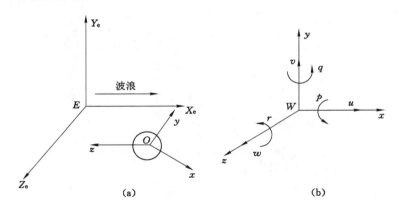

(a)　　　　　　　　　　　　　(b)

图 3-2　坐标系的建立

3.3.2　载体坐标系与参照坐标系间的转换矩阵

为了研究载体在受波浪力激励时的运动情况，需要在载体系 B 与参照（地面）系 E 之间建立变换关系，定义如图 3-3 所示的欧拉角[69]：

偏航角 ψ：水下载体纵轴 B_x 与水平面（EX_eZ_e）内的投影与地轴 EX_e 之间的

夹角,载体左偏为正。

　　俯仰角 θ:水下载体纵轴 B_x 与水平面(EX_eZ_e)的夹角,载体抬头为正。

　　横滚角 φ:水下载体 B_{xz} 平面与水平面(EX_eZ_e)的夹角,载体右滚为正。

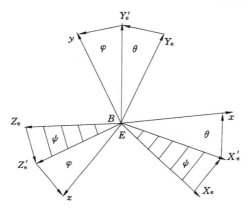

图 3-3　坐标系的转换——欧拉角

　　由空间位置关系,可得地面坐标系 E 到载体坐标系 B 的坐标转换矩阵

$$
\boldsymbol{R}_B^E = \begin{bmatrix} \cos\theta\cos\psi & \sin\theta & -\cos\theta\sin\psi \\ -\sin\theta\cos\psi\cos\varphi+\sin\psi\sin\varphi & \cos\theta\cos\varphi & \sin\theta\sin\psi\cos\kappa+\cos\psi\sin\varphi \\ \sin\theta\cos\psi\sin\varphi+\sin\psi\cos\varphi & -\cos\theta\sin\varphi & -\sin\theta\sin\psi\sin\varphi+\cos\psi\cos\varphi \end{bmatrix}
$$

$$(3\text{-}1)$$

　　从载体坐标系 B 到地面坐标系 R_B^E 的坐标转换矩阵为:

$$
\boldsymbol{R}_E^B = (\boldsymbol{R}_B^E)^{\mathrm{T}} \tag{3-2}
$$

3.3.3　运动学方程

　　水下移动载体相对地面系 E 的位置为(X_e,Y_e,Z_e),速度为($\dot{X}_e,\dot{Y}_e,\dot{Z}_e$)。

　　水下移动载体速度在体系 B 中的分量为(u,v,w),根据体系 B 到地面系 E 的转换矩阵有:

$$
\begin{bmatrix} \dot{X}_e \\ \dot{Y}_e \\ \dot{Z}_e \end{bmatrix} = \boldsymbol{R}_E^B \begin{bmatrix} u \\ v \\ w \end{bmatrix}
$$

　　将 $\boldsymbol{R}_E^B$ 表达式代入上式:

$$\begin{cases} \dot{X}_e = u\cos\theta\cos\psi + v(\sin\psi\sin\varphi - \sin\theta\cos\psi\cos\varphi) + w(\sin\psi\cos\varphi + \sin\theta\cos\psi\sin\varphi) \\ \dot{Y}_e = u\sin\theta + v\cos\theta\cos\varphi - w\cos\theta\sin\varphi \\ \dot{Z}_e = -u\cos\theta\sin\psi + v(\cos\psi\sin\varphi + \sin\theta\sin\psi\cos\varphi) + w(\cos\psi\cos\varphi - \sin\theta\sin\psi\sin\varphi) \end{cases}$$

$$(3\text{-}3)$$

水下载体相对地面坐标系 E 的姿态角用 φ,ψ,θ 三个欧拉角来表示,旋转角速度在地面系 E 中可表示为:

$$\Omega = \dot{\psi} + \dot{\theta} + \dot{\varphi} \qquad (3\text{-}4)$$

Ω 在体系 B 中的坐标分量 p,q,r 与地面坐标系 E 的转换关系为:

$$\begin{bmatrix} p \\ q \\ r \end{bmatrix} = \mathbf{R}_B^E \begin{bmatrix} \dot{\theta}\sin\psi \\ \dot{\psi} \\ \dot{\theta}\cos\psi \end{bmatrix} + \begin{bmatrix} \dot{\varphi} \\ 0 \\ 0 \end{bmatrix} \qquad (3\text{-}5)$$

因此,可以得出:

$$\begin{cases} p = \dot{\varphi} + \dot{\psi}\sin\theta \\ q = \dot{\psi}\cos\theta\cos\varphi + \dot{\theta}\sin\varphi \\ r = -\dot{\psi}\cos\theta\sin\varphi + \dot{\theta}\cos\varphi \end{cases} \qquad (3\text{-}6)$$

可解得:

$$\begin{cases} \dot{\varphi} = p - (q\cos\varphi - r\sin\varphi)\tan\theta \\ \dot{\psi} = (q\cos\varphi - r\sin\varphi)/\cos\theta \\ \dot{\theta} = q\sin\varphi + r\cos\varphi \end{cases} \qquad (3\text{-}7)$$

惯性摆载体的速度矢量 $\mathbf{V}_T$ 与载体坐标平面 Oxy 之间的夹角称为侧滑角,用 β 表示,而 $\mathbf{V}_T$ 与载体纵轴 Ox 之间的夹角称为冲角,用 α 表示。则载体速度矢量 $\mathbf{V}_T$ 在载体系 B 中的投影 (u,v,w) 与 α,β 的关系式如下:

$$\begin{cases} u = \mathbf{V}_T\cos\beta\cos\alpha \\ v = -\mathbf{V}_T\cos\beta\sin\alpha \\ w = \mathbf{V}_T\sin\beta \end{cases} \qquad (3\text{-}8)$$

即

$$\begin{cases} V_T = \sqrt{u^2 + v^2 + w^2} \\ \alpha = \arctan(-\dfrac{v}{u}) \\ \beta = \arcsin(\dfrac{w}{V_T}) \end{cases} \tag{3-9}$$

上式给出了载体的运动学模型,通过求解上述方程,可以获得惯性摆载体在波浪力作用下相对于参照系的运动速度及侧滑角和冲角间的约束关系,可以获得载体的运动情况。

3.3.4　动力学建模

3.3.4.1　相对速度和绝对速度

物体相对于惯性系 E 的速度称为绝对速度,相对于运动系 W 的速度为相对速度。因此,惯性摆载体的绝对速度可表示为:

$$V_G = V_T + V_R$$

式中　V_G ——惯性摆载体质心的绝对速度;

　　　V_R ——惯性摆载体质心的相对速度;

　　　V_T ——载体坐标系 W 相对地面坐标系 E 的速度。

质心相对于载体坐标系 B 原点的速度是由载体的旋转引起的,可表示为:

$$V_R = \Omega \times R_G$$

因此有

$$V_G = V_T + \Omega \times R_G \tag{3-10}$$

3.3.4.2　动量方程

将惯性摆载体视作刚体进行分析,其动量 H_G 可用质量与质心速度的乘积表示,即

$$H_G = M'V_G$$

式中,M' 为惯性摆载体总体质量,包括外部载体及内部摆的质量,即 $M' = m + M$,根据刚体运动的动量定理,在地面坐标系 E 中有:

$$M'\frac{\mathrm{d}V_G}{\mathrm{d}t} = F \tag{3-11}$$

式中,F 为作用在载体上的外力之和。

将式(3-10)代入式(3-11),可得载体质心的绝对加速度为:

$$\frac{\mathrm{d}V_G}{\mathrm{d}t} = \frac{\partial V_T}{\partial t} + \Omega \times V_T + \frac{\partial \Omega}{\partial t} \times R_G + \Omega \times (\Omega \times R_G) \tag{3-12}$$

式中,$V_T = ui + vj + wk$

$$\Omega = pi + qj + rk$$

$$R_G = x_G i + y_G j + z_G k$$

$$\frac{\partial V_T}{\partial t} = \dot{u} i + \dot{v} j + \dot{w} k$$

$$\frac{\partial \Omega}{\partial t} = \dot{p} i + \dot{q} j + \dot{r} k$$

i,j,k ——载体体系三个坐标轴方向的单位矢量。

其中，

$$\Omega \times V_T = (wq - vr)i + (ur - wp)j + (vp - uq)k \qquad (3\text{-}13)$$

$$\frac{\partial \Omega}{\partial t} \times R_G = (\dot{q} z_G - \dot{r} y_G)i + (\dot{r} x_G - \dot{p} z_G)j + (\dot{p} y_G - \dot{q} x_G)k \qquad (3\text{-}14)$$

$$\Omega \times (\Omega \times R_G) = [q(p y_G - q x_G) - r(r x_G - p z_G)]i +$$
$$[r(q z_G - r y_G) - p(p y_G - q x_G)]j +$$
$$[p(r x_G - p z_G) - q(q z_G - r y_G)]k \qquad (3\text{-}15)$$

整理后可得动量方程在载体坐标系中的表达式为：

$$\begin{cases} M'[\dot{u} - vr + wq - x_G(q^2 + r^2) + y_G(pq - \dot{r}) + z_G(pr + \dot{q})] = F_x \\ M'[\dot{v} - wp + ur - y_G(r^2 + p^2) + z_G(qr - \dot{p}) + x_G(qp + \dot{r})] = F_y \\ M'[\dot{w} - uq + vp - z_G(p^2 + q^2) + x_G(rp - \dot{q}) + y_G(rq + \dot{p})] = F_z \end{cases}$$
$$(3\text{-}16)$$

式中，F_x, F_y, F_z 表示外力在载体坐标系中的坐标分量。

3.3.4.3 动量矩方程

由刚体动量矩定理可知，在地面坐标系 E 中，载体质心的动量矩 L_G 随时间的变化率等于外力对质心力矩之和：

$$\frac{\mathrm{d}L_G}{\mathrm{d}t} = M_G \qquad (3\text{-}17)$$

式中　　$M_G = K - R_G \times F = K - R_G \times M' \dfrac{\mathrm{d}V_G}{\mathrm{d}t}$ ；

K ——外力对惯性摆载体浮心的力矩。

而载体质心 G 的动量矩可表示为：

$$L_G = J_{xG} p i + J_{yG} q j + J_{zG} r k$$

$$\frac{\mathrm{d}L_G}{\mathrm{d}t} = J_{xG} \dot{p} i + J_{yG} \dot{q} j + J_{zG} \dot{r} + \Omega \times L_G \qquad (3\text{-}18)$$

式中，J_{xG}, J_{yG}, J_{zG} 为载体对 G_x, G_y, G_z 轴的转动惯量，$Gxyz$ 坐标系为 $Bxyz$ 坐标系的平移坐标系，通过转动惯量的移轴定理有：

$$\begin{cases} J_x = J_{xG} + M'(y_G^2 + z_G^2) \\ J_y = J_{yG} + M'(z_G^2 + x_G^2) \\ J_z = J_{zG} + M'(x_G^2 + y_G^2) \end{cases} \tag{3-19}$$

式中，J_x, J_y, J_z 为载体在其体坐标系的三个轴上的转动惯量，应满足：

$$J_x = \iiint\limits_V \rho(y^2 + z^2)\mathrm{d}x\mathrm{d}y\mathrm{d}z$$

$$J_y = \iiint\limits_V \rho(z^2 + x^2)\mathrm{d}x\mathrm{d}y\mathrm{d}z$$

$$J_z = \iiint\limits_V \rho(x^2 + y^2)\mathrm{d}x\mathrm{d}y\mathrm{d}z$$

将式(3-12)、式(3-18)和式(3-19)代入式(3-17)，忽略 x_G^2, y_G^2, z_G^2 等小量，整理后可得动量矩方程在载体体坐标系中的分量为：

$$\begin{cases} J_x\dot{p} + (J_z - J_y)qr + M'[y_G(\dot{w} + vp - uq) - z_G(\dot{v} + ur - wp)] = M_x \\ J_y\dot{q} + (J_x - J_z)rp + M'[z_G(\dot{u} + wq - vr) - x_G(\dot{w} + vp - uq)] = M_y \\ J_z\dot{r} + (J_y - J_x)pq + M'[x_G(\dot{v} + ur - wp) - y_G(\dot{u} + wq - vr)] = M_z \end{cases} \tag{3-20}$$

式(3-20)中，M_x, M_y, M_z 表示外力矩在载体体坐标系上的坐标分量。根据该方程可获得惯性摆载体系统在三个方向上的波浪力矩作用下的运动情况。

3.4　惯性摆系统受力

前面给出了水中惯性摆载体系统的空间运动方程，下面将根据其空间运动方程(式(3-16)、式(3-20))，分析载体所受外力和外力矩。

3.4.1　静力

静力包括重力和浮力，重力包括以下部分：

$$W = W_1 + W_2$$

式中，W_1 为惯性摆载体系统的壳体重量；W_2 为内部惯性摆的重量，作用点在系统质心(x_G, y_G, z_G)。

浮力可以表示为 B，为外部载体的所受的浮力。

总的静力等于重力和浮力的代数和，即

$$P = W - B$$

在固定坐标系下的向量表示为：

$$\boldsymbol{P} = \begin{bmatrix} 0 \\ P \\ 0 \end{bmatrix} \tag{3-21}$$

根据地面坐标系到系统运动坐标系的转换关系,总静力在运动坐标系下的向量表示为:

$$\Delta\boldsymbol{G} = \boldsymbol{R}_B^E \begin{bmatrix} 0 \\ -\Delta G \\ 0 \end{bmatrix} = (-\Delta G\sin\theta, -\Delta G\cos\theta\cos\varphi, \Delta G\cos\theta\sin\varphi) \tag{3-22}$$

重力矩等于 $\boldsymbol{R}_G \times \boldsymbol{G} = G\boldsymbol{R}_G \times \boldsymbol{Y}_e$,所以,

$$\begin{aligned} \boldsymbol{R}_G \times \boldsymbol{G} = G(&y_G\cos\theta\sin\varphi + z_G\cos\theta\cos\varphi, -z_G\sin\theta - x_G\cos\theta\sin\varphi, \\ &-x_G\cos\theta\cos\varphi + y_G\sin\theta) \end{aligned} \tag{3-23}$$

3.4.2 波浪力(矩)数学模型

波浪是海洋的自然现象,具有一定的周期性,黏性的作用很小。海水在流动过程中受到阻碍时,将对结构产生作用力,这种力称为波浪力。

根据傅汝德-克雷诺夫(Froude-Krylov)假设,在规则波中载体的存在不影响波浪中的压力分布。水下载体受到的动压力的分布为[70-72]:

$$\Delta p(\xi, \zeta, t) = -\rho g a\, e^{kz}\cos(k\xi - \omega t) \tag{3-24}$$

在载体运动坐标系中可将上式化为:

$$\Delta p(x, z, t) = -\rho g a\, e^{-kz}\cos(kx\cos\gamma - ky\sin\gamma - \omega_e t) \tag{3-25}$$

式中,ρ 为流体密度;g 为重力加速度;a 为波(峰值高)幅;k 为波数;ω 为波的频率;γ 为波向角,又称为遭遇角;ω_e 为遭遇频率,且满足:

$$k = \frac{\omega^2}{g} \tag{3-26}$$

$$\omega_e = \omega - \frac{\omega^2}{g} V_T\cos\gamma \tag{3-27}$$

式中,V_T 为载体运动速度。

则作用在载体上的波浪力和力矩为:

$$\left. \begin{aligned} \boldsymbol{F}_{\text{wave}} &= -\iint \Delta p\boldsymbol{n}\,\mathrm{d}S \\ \boldsymbol{M}_{\text{wave}} &= -\int \Delta p(\boldsymbol{n} \times \boldsymbol{r})\,\mathrm{d}S \end{aligned} \right\} \tag{3-28}$$

其中,S 是载体湿表面面积;$\boldsymbol{n}$ 是 S 的单位外法线矢量;$\boldsymbol{r}$ 为载体表面上任一点的位置矢量。

3.4.3 水动力计算

水中载体因受到波浪力影响而产生速度和加速度,进而受到水动力的作用,

水动力主要有黏性水动力和惯性水动力两种,经过多年的研究,国内外已有发展出多种求取水动力的方法[73-101]。

3.4.3.1　黏性水动力

假定垂向力系数只与垂直面内运动参数有关,横向力只与水平面内运动参数有关。则黏性水动力 F_V 可描述为:

$$\begin{cases} F_{V1} = F_{xV} = \dfrac{1}{2} C_x \rho V_T^{\,2} \widehat{S} \\[2mm] F_{V2} = F_{yV} = \dfrac{1}{2} C_y \rho V_T^{\,2} \widehat{S} \\[2mm] F_{V3} = F_{zV} = \dfrac{1}{2} C_z \rho V_T^{\,2} \widehat{S} \\[2mm] F_{V4} = M_{xV} = \dfrac{1}{2} m_x V_T^{\,2} \rho v^2 \widehat{SL} \\[2mm] F_{V5} = M_{yV} = \dfrac{1}{2} m_y \rho V_T^{\,2} \widehat{SL} \\[2mm] F_{V6} = M_{zV} = \dfrac{1}{2} m_z \rho V_T^{\,2} \widehat{SL} \end{cases} \qquad (3\text{-}29)$$

式中, $F_{V1} \sim F_{V6}(F_{xV} \sim M_{zV})$ 分别为六个自由度上的黏性水动力(矩); $C_x, C_y, C_z, m_x, m_y, m_z$ 分别称为纵向力系数、垂向力系数、侧向力系数、横滚力矩系数、偏航力矩系数、俯仰力矩系数; L 为长度; $\widehat{S}$ 为载体最大横截面积。

而

$$\begin{cases} C_x = C_X(0) \\ C_y = C_Y(0) + C_Y^a \alpha + C_Y^r r' \\ C_z = C_Z^\beta \beta + C_Z^p p' + C_Z^q q' \\ m_x = C_K^\beta \beta + C_K^p p' + C_K^q q' \\ m_y = C_M^\beta \beta + C_M^p p' + C_M^q q' \\ m_z = C_N(0) + C_{\alpha N} \alpha + C_N^r r' \end{cases} \qquad (3\text{-}30)$$

其中　X, Y, Z——流体动力在载体坐标系中的分量;

K, M, N——流体动力矩在载体坐标系中的分量;

$p' = \dfrac{pL}{V_T}$——无量纲横滚角速度;

$q' = \dfrac{qL}{V_T}$——无量纲偏航角速度;

$r' = \dfrac{rL}{V_T}$——无量纲俯仰角速度。

3.4.3.2 惯性水动力

惯性类流体动力与物体运动的加速度、角加速度呈线性关系,系统六自由度运动所有惯性力共有 36 项,即

$$g_i = -\sum_{j=1}^{6} \lambda_{ij} \dot{v}_j \qquad (3\text{-}31)$$

式中,$g_i(i=1,2,\cdots,6)$ 表示六个自由度方向的惯性力;$\dot{v}_j(j=1,2,\cdots,6)$ 分别表示载体的加速度 $\dot{u},\dot{v},\dot{w}$ 和角加速度 $\dot{p},\dot{q},\dot{r}$。

所以系统受到的水动力为:

$$F_{Hi} = F_{Vi} + g_i \qquad (i=1,2,\cdots6) \qquad (3\text{-}32)$$

本节基于所建立的载体坐标系和空间参照坐标系的基础上,研究了载体系统在波浪中运动所受的波浪力和水动力等参数,为系统的运动学和动力学研究奠定了基础。

3.5 载体水动力估算

3.5.1 黏性水动力系数

在 $\alpha = \beta = 0$ 时,载体的纵向力系数 $C_X(0)$ 就是零阻力系数,但符号相反。

载体的阻力主要由摩擦阻力和压差阻力两部分组成,载体的摩擦阻力可根据平板公式计算获得。

$$C_f = \frac{0.075}{(\lg Re - 2)^2} \frac{\Omega}{S}$$

式中 Ω——载体的沾湿表面积;

$Re = \dfrac{V_T L}{v}$——流体雷诺数,V_T 为载体运动速度;L 为载体纵向长度;v 为运动黏性系数。

压差阻力系数可近似为:

$$C_w = 0.09 \sqrt{\sqrt{\frac{S}{e}}}$$

式中,e 表示后体收缩部分的长度。

也可根据长宽比 L/B 近似选取[102],如表 3-1 所列,C_w—L/B 关系的拟合曲线见图 3-4。

表 3-1　　　　　　　　　　　　　　C_w 的取值

L/B	6.00	8.00	10.00	12.00
C_w	0.89×10^{-3}	0.52×10^{-3}	0.28×10^{-3}	0.12×10^{-3}

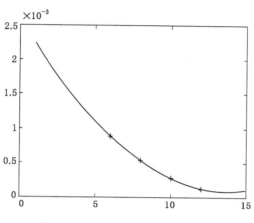

图 3-4　C_w—L/B 关系的拟合曲线

另外,在考虑摩擦阻力的时候还应考虑载体的粗糙度补贴系数 ΔC_f,一般取 $(0.3\sim0.5)\times10^{-3}$。

最后,可通过 $C_X(0)=-(C_f+C_w+\Delta C_f)$ 获得载体纵向水动力系数。

根据文献[69],取等价平板的面积为载体的最大纵剖面面积 A_w,最大横截面积为 S 时,载体的垂向力导数可表示为:

$$C_Y^\alpha = \frac{\pi}{2}\frac{D\cdot A_w}{L\cdot S}(0.25+0.013\frac{L}{D})$$

$$C_N^\alpha = 2\varphi_v(0.62+0.013\frac{L}{D}) \tag{3-33}$$

式中　$\varphi_v = \dfrac{\nabla}{SL}$——载体的丰满系数;

∇——载体的排水体积。

且由于载体为旋转体,因此满足:

$$\begin{cases} C_Z^\beta = -C_Y^\alpha \\ C_M^\beta = C_N^\alpha \\ C_Z^q = -C_Y^r \\ C_M^q = C_N^r \end{cases} \tag{3-34}$$

3.5.2　惯性水动力系数

惯性水动力系数又称为附加质量，计算的关键在于确定物体的速度势。但对三元物体，至今只有最简单的球、三轴椭球等形状的物体能获得理论精确解。

所采用的载体外形为球体，因此可采用椭球体理论进行附加质量的求解[103-105]。

$$\begin{cases} \lambda_{11} = \mu_x \rho \nabla \\ \lambda_{22} = \lambda_{33} = \mu_y \rho \nabla \\ \lambda_{26} = -\lambda_{35} = \mu_y \rho \nabla x \\ \lambda_{55} = \lambda_{66} = \mu_{yy} \rho \nabla \dfrac{L^2 + D^2}{20} \end{cases} \tag{3-35}$$

当载体为球形时 μ_x, μ_y, μ_{yy} 的选值分别为：

$$\begin{cases} \mu_x = 0.5 \\ \mu_y = 0.5 \\ \mu_{yy} = 0 \end{cases}$$

x 为载体浮心的坐标，当浮心为坐标原点时，$x = 0$。

3.5.3　惯性摆系统的动力学及运动学方程

综上所述，将各参数代入方程（3-16）和（3-20）中，可得出惯性摆系统在波浪力作用下的动力学及运动学方程。

用 $X - N$ 分别表示浮游系统所受合力（矩），且有：$F = F_H + F_w$，其中 F_H 和 F_w 分别表示系统受到的水动力和波浪力。该类浮游载体的动力学方程可为：

$$(M' + \lambda_{11})\dot{u} = F_{x\text{wave}} - \Delta G \sin\theta + F_{xV}$$

$$(M' + \lambda_{22})\dot{v} + (M'x_G + \lambda_{26})\dot{r} + M'ur = F_{y\text{wave}} - \Delta G\cos\theta\cos\varphi + F_{yV}$$

$$(M' + \lambda_{33})\dot{w} - (M'x_G - \lambda_{35})\dot{q} - M'uq = F_{z\text{wave}} + \Delta G\cos\theta\sin\varphi + F_{zV}$$

$$\tag{3-36}$$

$$(I_x + \lambda_{44})\dot{p} - M'u(y_G q + z_G r) = M_{x\text{wave}} + G\cos\theta(y_G \sin\varphi + z_G\cos\varphi) + M_{xV}$$

$$(I_y + \lambda_{55})\dot{q} - (M'x_G - \lambda_{35})\dot{w} - M'x_G uq = M_{y\text{wave}} - G(z_G\sin\theta + x_G\cos\theta\sin\varphi) + M_{yV}$$

$$(I_z + \lambda_{66})\dot{r} + (M'x_G + \lambda_{26})\dot{v} + M'x_G ur = M_{z\text{wave}} + G(-x_G\cos\theta\cos\varphi + y_G\sin\theta) + M_{zV}$$

则浮游载体系统的运动学方程可描述为：

$$\dot{\varphi} = p - (q\cos\varphi - r\sin\varphi)\tan\theta$$

$$\dot{\psi} = (q\cos\varphi - r\sin\varphi)/\cos\theta$$

$$\dot{\theta} = q\sin\varphi + r\cos\varphi$$

$$\dot{X}_e = u\sin\theta\cos\psi + v(\sin\psi\sin\varphi - \sin\theta\cos\psi\cos\varphi) + w(\sin\psi\cos\varphi + \sin\theta\cos\psi\sin\varphi)$$

$$\dot{Y}_e = u\sin\theta + v\cos\theta\cos\varphi - w\cos\theta\sin\varphi$$

$$\dot{Z}_e = -u\cos\theta\sin\psi + v(\cos\psi\sin\varphi + \sin\theta\sin\psi\cos\varphi) + w(\cos\psi\cos\varphi - \sin\theta\sin\psi\sin\varphi)$$

$$V_T = \sqrt{u^2 + v^2 + w^2}$$

$$\alpha = \arctan(-v/u)$$

$$\beta = \arcsin(w/V_T)$$

(3-37)

以上研究分析了波浪作用下载体的所受的水动力系数的描述方法,基于
3.3 节建立的运动学和动力学方程的基础上,给出了更为详细的系统运动的动
力学和运动学方程,这些模型和数学描述为研究波浪力作用下惯性摆载体的运
动及内部摆的运动和能量获取提供研究分析的基础和条件。

3.6　仿真实验研究

3.6.1　基于 ADAMS 的仿真模型的建立

假设波浪条件为:周期 $T = 5$ s,波高 $H = 4$ m,海水密度 $\rho = 1\,000$ kg/m³,
相当于四级海况。为简化起见,设计实验系统外形为球形,半径 $R = 0.22$ m,系
统总质量 $M = 44$ kg,惯性摆锤质量为 22 kg。

在上述假设载体条件下,基于图 3-1 建立的仿真实验模型,在其基础上修改
各项参数,并且施加各方向上的受力约束,对虚拟系统进行运动学和动力学仿真
实验,各部分参数见表 3-2。

表 3-2　　　　　　　　　　仿真实验中各部件参数

构件	尺寸/m	质量/kg	相对于质心的转动惯量/(kg·m²)		
			I_{xx}	I_{yy}	I_{zz}
外壳	$\phi 0.22$(外径) $\phi 0.215$(内径)	22.48	1.347	1.347	1.347
摆杆	$\phi 0.004 \times 0.029\,8$	0.001 8	7.85×10^{-7}	7.85×10^{-7}	7.85×10^{-7}
摆锤	$\phi 0.007\,8$	22	5.36×10^{-2}	5.36×10^{-2}	5.36×10^{-2}
圆齿	$\phi 0.025 \times 0.003$	0.004 6	7.21×10^{-6}	7.21×10^{-6}	1.44×10^{-5}

3.6.2　几个能量捕获参量

为了对惯性摆载体吸收效率进行对比研究,引入如下几个概念:

① 捕获宽度比(η):载体在一个波浪周期内获得的平均能量同在其宽度上具有的平均波浪能量的比值,即 $\eta = E_{总}/\bar{E}$。

② 能量吸收比(η_r):惯性摆在一个波浪周期内获得的平均能量与整体系统获得的平均能量的比值,即 $\eta_r = E_{摆}/E_{总}$。

③ 能量吸收影响因子(能量吸收效率 β):$\beta = \eta_r \cdot \eta$。

3.6.3　波向角为 0° 时的仿真结果

3.6.3.1　波浪力

如前所述,当载体为零初始速度运动时,其受到的波浪力(矩)随遭遇频率 ω_e 与时间 t 的乘积 $\omega_e t$,即相角变化的曲线如图 3-5 所示,可知该波浪力沿参考坐标系 EZ_e、EY_e 方向及绕 EX_e 方向分量很小,可以忽略。

图中 ForceX 为载体受到的水平波浪力,ForceY 为垂直波浪力,而 TorqueZ 为绕 EZ_e 轴的波浪力矩,其绕行正方向为逆时针方向。

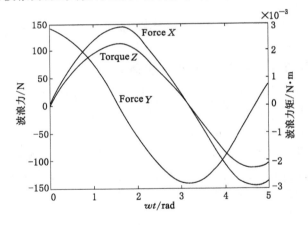

图 3-5　系统所受波浪力(矩)

3.6.3.2　载体的简化运动方程

由所求波浪力可知,系统仅在三个自由度上受波浪力影响,可知载体速度坐标系中 $w = \dot{w} = 0, p = \dot{p} = 0, q = \dot{q} = 0$,所以系统动力学方程和运动学方程可以加以简化。令系统体坐标系原点处于系统重心处,重力与浮力相等,且把水动力中的惯性水动力系数移到方程左侧,合并同类项,得到简化方程如下:

$$(m + \lambda_{11})\dot{u} - my_G\dot{r} - mvr - mx_Gr^2 = F_{\text{xwave}} + \frac{1}{2}C_x\rho V_T^2 S \quad (m + \lambda_{22})\dot{v} +$$

$$(mx_G + \lambda_{26})\dot{r} + mur - my_Gr^2 = F_{\text{ywave}} + \frac{1}{2}C_y\rho V_T^2 S$$

$$(I_z + \lambda_{66})\dot{r} - my_G\dot{u} + (mx_G + \lambda_{26})\dot{v} + mx_Gur + my_Gvr =$$

$$G(-x_G\cos\theta + y_G\sin\theta) + M_{\text{zwave}} + \frac{1}{2}m_z\rho V_T^2 L \qquad (3\text{-}38)$$

$$\dot{\theta} = r$$

$$\dot{X}_e = u\cos\theta - v\sin\theta$$

$$\dot{Y}_e = u\sin\theta + v\cos\theta$$

$$V_T = \sqrt{u^2 + v^2}$$

$$\alpha = \arctan(-v/u)$$

本例中浮心选在原点,惯性水动力系数:

$$\lambda_{11} = 22.301\ 1$$

$$\lambda_{22} = 22.301\ 1$$

$$\lambda_{26} = \lambda_{66} = 0$$

而黏性水动力系数因为同系统的冲角 α 等运动参数相关,所以不能得出确切的表达式形式,根据中国船舶科学研究中心给出的黏性水动力系数与冲角等参数的关系式,通过数值仿真获得水动力系数 C_x, C_y, m_z 如图 3-6 所示。

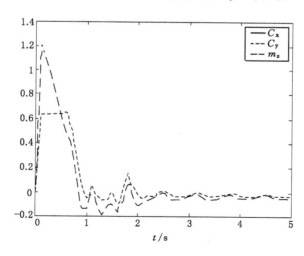

图 3-6　黏性水动力系数随时间变化关系

而考虑了惯性摆系统所受的水动力之后，系统所受的合力随时间变化，根据 ADAMS 软件获得的总载体受力如图 3-7 所示。

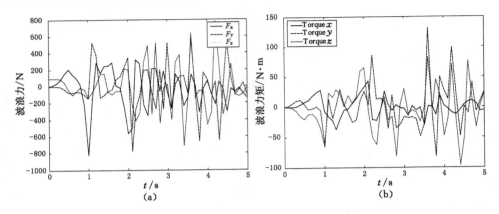

图 3-7　考虑水动力后在 ADAMS 仿真过程中获得的载体系统的总波浪力（矩）

(a) 波浪力；(b) 波浪力矩

3.6.3.3　基于设计模型的波浪能获取仿真结果

笔者按照设计的载体模型，根据式（3-38）给出的运动方程和前面给出的水动力系数 λ_{11}，λ_{22}，λ_{26}，λ_{66}，C_x，C_y，m_z 及波浪力（矩）$F_{x\text{wave}}$，$F_{y\text{wave}}$，$M_{z\text{wave}}$，进行了具有惯性摆载体的运动仿真，仿真结果如图 3-8 所示。

图 3-8(a)～图 3-8(c) 为载体运动及摆锤的摆动情况，其中图 3-8(a) 给出了摆锤在一个周期的波浪力作用下的摆动情况，图 3-8(b) 给出了摆锤相对参考坐标系的角速度，与图 3-8(c) 所示的整个载体相对参考坐标系的角速度相比较可以发现，在波浪力作用下，摆锤相对于载体可以具有很大的转动速度和角度，从而把施加在载体上的外能转换成了系统的内能，完成了能量的吸收。图 3-9 为一个波浪周期内载体及摆锤获得的总能量和随时间变化分布吸收能量的情况。

为了与同等水平面积的平均波浪能进行比较研究，需要求得载体及摆锤一个周期内吸收的能量的平均值，计算公式为：

$$\overline{E} = \frac{1}{T}\int_0^T E(t)\mathrm{d}t \tag{3-39}$$

式中，$E(t)$ 为随时间变化吸收的能量，分别如图 3-9(a)、3-9(b) 中虚线所示，图中实线为 $E(t)$ 的积分，有：

$$\overline{E}_{\text{载体}} = \frac{E(T) - E(0)}{T} = \frac{3\,943.844 - 0}{5} = 788.768\,8(\text{N} \cdot \text{m})$$

$$\overline{E}_{\text{摆}} = \frac{E(T) - E(0)}{T} = \frac{1\,184.152\,5 - 0}{5} = 236.830\,5\,(\text{N} \cdot \text{m})$$

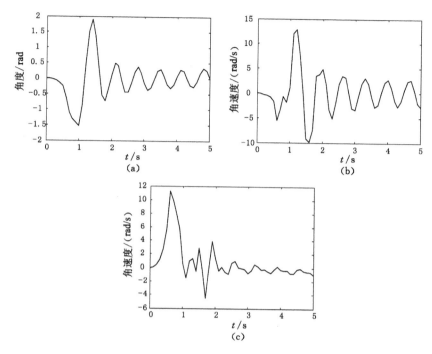

图 3-8　波向角 0°时仿真结果 1

（a）摆锤摆角变化图；（b）摆锤相对参考系角速度；

（c）载体相对参考系角速度

单位水平面积上的波浪所具有的平均能量为[65,106-108]：

$$E = \frac{1}{8}\rho g H^2 = 19\,613\,(\mathrm{J}) = 19\,613\,(\mathrm{N} \cdot \mathrm{m/m^2})$$

载体所处的水平面积上的平均波浪能量：

$$\overline{E} = 19\,613 \cdot \pi \cdot R^2 = 2\,982.3(\mathrm{N} \cdot \mathrm{m})$$

由 3.6.2 所述，可得载体能量捕获宽度比为：

$$\eta = \frac{E_{载体}}{\overline{E}} = \frac{788.768\,8}{2\,982.3} \cdot 100\% = 26.45\%$$

由 3.6.2 所述，可得摆锤能量吸收比为：

$$\eta_r = \frac{\overline{E}_{摆}}{\overline{E}_{载体}} = \frac{236.830\,5}{788.768\,8} \cdot 100\% = 30.03\%$$

因此，在给定的波浪和载体条件下，摆的吸收效率为：

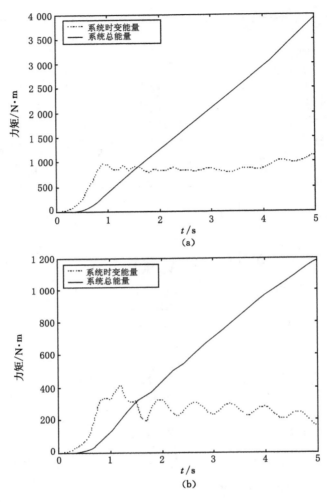

图 3-9　波向角 0°时仿真结果 2

(a) 载体获得能量；(b) 摆锤获得能量

$$\beta = \eta \times \eta_\gamma = 7.94\%$$

通过仿真实验可知，如果载体与摆锤的结构合理，则惯性摆系统可以具有较好的能量吸收效率，从而实现对波浪能的转化利用。

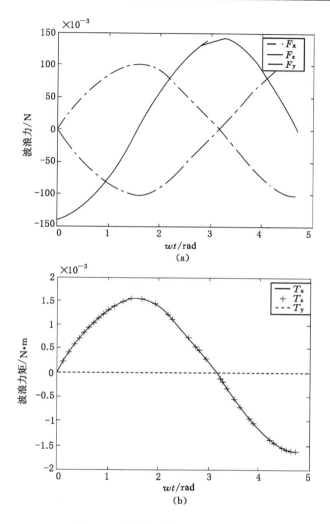

图 3-10　惯性摆载体系统所受波浪力(矩)

(a) 45°波向角时载体所受波浪力；(b) 45°波向角时载体所受波浪力矩

3.6.4　波向角为 45°时的仿真结果

3.6.4.1　波浪力

为了对载体在 6 自由度受力下的能量获取情况进行研究,设置波浪的波向角为 45°,根据式(3-28)重新求取载体系统所受的波浪力,并加载到所建立的 ADAMS 仿真模型中,进行仿真实验。

当波向角为 45°时,根据式(3-28)以及与上节中相同的载体条件,得出此时载体所受波浪力为 6 自由度波浪力,其在三个坐标轴上的分量可分别求出,如图 3-10 所示。

3.6.4.2　载体受水动力情况

由于载体外形及总体质量均与 0°波向角时相同,因此惯性水动力及其系数均与前面结果相同,即

$$\lambda_{11} = 22.301\ 1$$
$$\lambda_{22} = 22.301\ 1$$
$$\lambda_{26} = \lambda_{66} = 0$$

而黏性水动力由于与载体的运动速度等多个运动参数相关,所以需在仿真过程中根据载体实际运动参数获取。因此,在 ADAMS 中可获得在设定的载体及波浪条件下,载体的黏性水动力系数变化趋势,如图 3-11 所示。

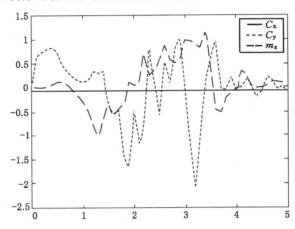

图 3-11　45°波向角时黏性水动力系数随时间变化关系

此时,系统所受的总的波浪力及力矩也随水动力的变化而变化(见图 3-12)。

3.6.4.3　能量获取情况仿真结果

图 3-13(a)～图 3-13(c)为波向角 45°时载体运动及摆锤的摆动情况,图 3-14 为一个波浪周期内载体及摆锤获得的总能量和随时间变化分布吸收能量的情况。

由图 3-14 及式(3-39),可得:

$$\bar{E}_{载体} = \frac{E(T) - E(0)}{T} = \frac{1\ 136.815\ 9 - 0}{5} = 227.363\ 2\ (\text{N} \cdot \text{m})$$

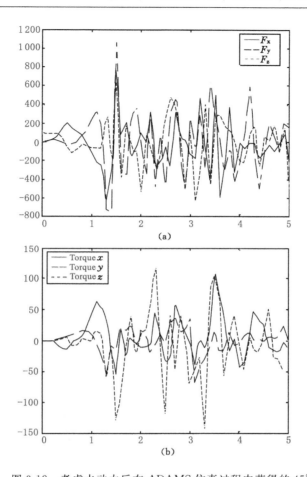

图 3-12　考虑水动力后在 ADAMS 仿真过程中获得的 45°
波向角时载体的总波浪力（矩）

（a）波浪力；（b）波浪力矩

$$\overline{E}_{摆} = \frac{E(T) - E(0)}{T} = \frac{511.047\,7 - 0}{5} = 102.209\,5\ (\text{N} \cdot \text{m})$$

而如前所述，载体所处的水平面积上的平均波浪能量：

$$\overline{E} = 19\,613 \cdot \pi \cdot R^2 = 2\,982.3(\text{N} \cdot \text{m})$$

载体能量捕获宽度比为：

$$\eta = \frac{\overline{E}_{载体}}{\overline{E}} = \frac{227.363\,2}{2\,982.3} \cdot 100\% = 7.62\%$$

而摆锤能量吸收比为：

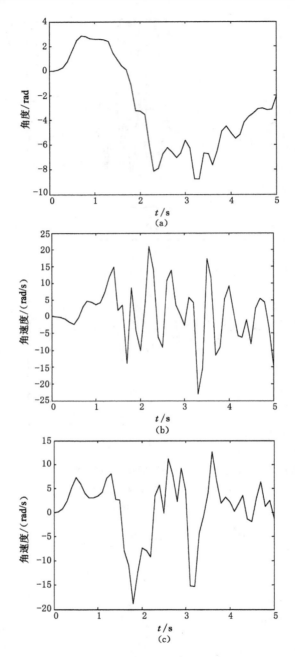

图 3-13　波向角 45°仿真结果 1

（a）摆锤摆角变化图；（b）摆锤相对参考系角速度；（c）载体相对参考系角速度

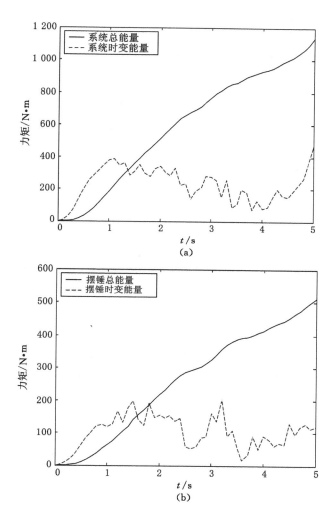

图 3-14　波向角 45°时仿真结果 2

（a）载体获得能量；（b）摆锤获得能量

$$\eta_r = \frac{\overline{E_{摆}}}{\overline{E_{载体}}} = \frac{102.209\ 5}{227.362} \cdot 100\% = 44.95\%$$

因此，在给定的波浪和载体条件下，摆的吸收效率为：

$$\beta = \eta \times \eta_r = 3.43\%$$

上述研究可见，载体运行过程中，波浪的波向角对惯性摆系统的波浪能吸收效率有影响。仿真实验表明,在波向角为 0°时,惯性摆吸收效率较大,在波向角为 45°时惯性摆的吸收效率有所减小。

3.6.5 摆锤质量对能量获取的影响

摆锤获得能量的大小同其质量有很大的关系。实验中载体总质量保持不变 (为了使结果具有普遍性,该条件为必要条件),摆锤质量分别取 5 kg,10 kg, 15 kg,22 kg,外部载体质量按总质量相等要求进行调整,则惯性摆摆锤吸收的 平均能量对比如图 3-15 所示。

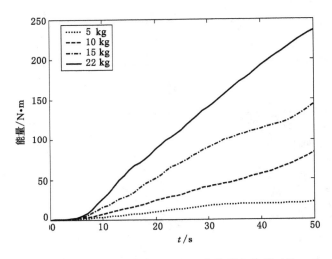

图 3-15　不同质量下摆锤吸收的平均能量对比

可见,当惯性摆载体系统总体质量一定,波浪条件一定的前提条件下,摆锤 质量越大,其吸收能量也越多,这与 2.5.4 节所述实验研究的结果相吻合。

由此可知,惯性摆的波浪能吸收效率不但与其面向的波浪的波向角有关,也 与惯性摆占总体系统的质量比率有关。

第 4 章　基于 BP 网络的惯性摆能量获取建模

4.1　引　　言

上述章节研究给出了浮游系统的水动力学和运动学的建模方法。但由于波浪环境的特殊性,波浪力作用下运动的载体所受的水动力与载体的运动方向和速度有直接的关系,导致惯性摆载体系统的建模过程很复杂。在时域下,基于 ADAMS 获得动力学求解的结果虽然比较方便和准确,但在海洋运动载体结构、随机性波浪作用等复杂因素影响下,需要进行多个参数的设置和修改,仿真建模存在如下问题:

① 海洋波浪环境条件复杂,因而需要不断修改 ADAMS 模型中的设计变量(除载体本身的结构参数和波浪力参数外,还需要加几十个设计变量,计算量巨大)。

② 参数设置复杂,易于产生计算错误,影响结果的准确性。

③ 工作量繁重,效率低。

因此,采用虚拟样机建模仿真的动力学分析方法在波浪条件及载体条件改变时,难以准确描述具有惯性摆结构的载体系统波浪能获取情况。要针对波浪和载体的变化提出基于惯性摆能量吸收效率的准确的数学描述,需要采用可靠的数学建模方法。

目前,很多数学建模方法都得到了广泛的应用,典型的如模糊理论方法、模拟退火算法、遗传算法以及神经网络方法等。目前广泛采用的是 BP 神经网络方法,其具有良好的逼近复杂非线性函数能力,模型具有精度高、通用性好等特点。因而针对惯性摆载体系统波浪能获取问题这类复杂的强非线性问题,采用 BP 网络实现其数学建模是一种可行的技术方法,可以解决上述基于 ADAMS 方法在建模研究中存在的问题,建立不同波浪及载体条件下的惯性摆能量吸收效率模型,为惯性摆结构研究奠定良好的数学基础。

4.2 BP 网络建模方法

BP(Error Back Propagation Network)神经网络是目前应用最为广泛和成功的神经网络之一。它是在 1986 年由 Rumelhant 和 Mcllelland 提出的,是一种多层网络的"逆推"学习算法。其基本思想是,学习过程由信号的正向传播与误差的反向传播两个过程组成。正向传播时,输入样本从输入层传入,经隐层逐层处理后,传向输出层。若输出层的实际输出与期望输出不符,则转向误差的反向传播阶段。误差的反向传播是将输出误差以某种形式通过隐层向输入层逐层反传,并将误差分摊给各层的所有单元,从而获得各层单元的误差信号,此误差信号即作为修正各单元权值的依据。这种信号正向传播与误差反向传播的各层权值调整过程,是周而复始地进行的。权值不断调整过程,也就是网络的学习训练过程。此过程一直进行到网络输出的误差减小到可以接受的程度,或进行到预先设定的学习次数为止。

4.2.1 BP 神经网络模型及其学习算法

4.2.1.1 BP 网络结构

图 4-1 是 BP 网络的结构图。它由输入层、输出层和中间层(或称隐层)组成[109]。

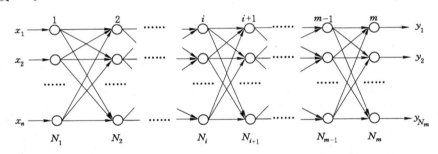

图 4-1 BP 网络结构图

其中,x_i 为神经网络输入;y_i 为神经网络实际输出;d_i 为神经网络期望输出;W_{ijk} 为第 i 层第 j 个神经元到第 $i+1$ 层第 k 个神经元连接权值;O_{ij} 为第 i 层第 j 个神经元输出;θ_{ij} 为第 i 层第 j 个神经元域值;net_{ij} 为第 i 层第 j 个神经元总输入;N_i 为第 i 层神经元节点数。

4.2.1.2 BP 网络学习算法

1. 标准 BP 算法

以图 4-1 的 BP 网络的结构图为例来推导标准 BP 算法。

① BP 网络前向传播计算：

$$net_{ij} = \sum_{k=1}^{N_{i-1}} O_{(i-1)k} \times W_{(i-1)kj} \qquad (4\text{-}1)$$

$$O_{ij} = f_s(net_{ij}) = \frac{1}{1 + \exp[-(net_{ij} - \theta_{ij})]} \qquad (4\text{-}2)$$

② BP 网络后退算法（BP 算法）

基本思想：如果神经元 j 在输出层，则 O_{ij} 就是网络的实际计算输出，记为 y_j，通过 y_j 与所期望的输出 d_j 之间的误差反向传播来修改各权值。

误差定义：$e_j = d_j - y_j$ $\qquad (4\text{-}3)$

网络目标函数为：$E = \dfrac{1}{2}\sum_j (d_j - y_j)^2$ $\qquad (4\text{-}4)$

网络的权值沿 E 函数梯度下降的方向修正：

$$\Delta W_{ijk} = -\eta \frac{\partial E}{\partial w_{ijk}} \qquad \text{其中 } 0 < \eta < 1 \text{ 为学习效率} \qquad (4\text{-}5)$$

即

$$\Delta W_{ijk} = -\eta \frac{\partial E}{\partial w_{ijk}} = -\eta \frac{\partial E}{\partial net_{(i+1)k}} \times \frac{\partial net_{(i+1)k}}{\partial w_{ijk}} = \eta \delta_{ik} O_{ij} \qquad (4\text{-}6)$$

可以证明，BP 算法的权值调整公式为：

$$\Delta W_{ijk} = \begin{cases} \eta(d_k - y_k)y_k(1 - y_k)O_{ij} & i+1 \text{ 层为输出层} \\ \eta O_{(i+1)k}(1 - O_{(i+1)k}) \times \left(\sum_{h=1}^{N_{i+2}} \delta_{(i+1)h} w_{(i+1)kh}\right)O_{ij} & i+1 \text{ 层为隐层} \end{cases}$$

$$(4\text{-}7)$$

$$W_{ijk}(t+1) = W_{ijk}(t) + \Delta W_{ijk} = W_{ijk} + \eta \delta_{ik} O_{ij} \qquad (4\text{-}8)$$

第 i 层神经元

$$\delta_{ik} = \begin{cases} (d_k - y_k)y_k(1 - y_k) & i+1 \text{ 层为输出层} \\ O_{(i+1)k}(1 - O_{(i+1)k})\left(\sum_{h=1}^{N_{i+2}} \delta_{(i+1)h} * w_{(i+1)kh}\right) & i+1 \text{ 层为隐层} \end{cases} \qquad (4\text{-}9)$$

$$\Delta\theta_{ik} = -\eta \frac{\partial E}{\partial \theta_{ik}} = \begin{cases} \eta(d_k - y_k)y_k(1 - y_k) & i+1 \text{ 层为输出层} \\ \eta O_{(i+1)k}(1 - O_{(i+1)k})\left(\sum_{h=1}^{N_{i+2}} \delta_{(i+1)h} * w_{(i+1)kh}\right) & i+1 \text{ 层为隐层} \end{cases}$$

$$(4\text{-}10)$$

2. 改进的 BP 算法

BP 网络标准算法存在两个固有的缺陷：① 误差曲面的平坦区将使误差下降缓慢，调整时间加长，迭代次数增多，影响收敛速度；② 误差曲面存在的多个极小点会使网络训练陷入局部极小，从而使网络训练无法收敛于给定误差[110]。

针对以上问题，目前国内外不少学者提出了许多改进算法。

（1）附加动量法

附加动量法使网络在修正其权值时，不仅考虑误差在梯度上的作用，而且考虑在误差曲面上变化趋势的影响，其作用如同一个低通滤波器，它允许网络忽略网络上的微小变化特性。在没有附加动量的作用下，网络可能陷入浅的局部极小值，利用附加动量的作用则有可能滑过这些极小值。

该方法是在反向传播的基础上再每一个权值的变化上加上一项正比于前次权值变化量的值，并根据反向传播法来产生新的权值变化。带有附加动量因子的权值调节公式为：

$$\Delta w_{ij}(k+1) = (1-mc)\eta\delta_i p_j + mc\Delta w_{ij}(k) \tag{4-11}$$

$$\Delta b_i(k+1) = (1-mc)\eta\delta_i + mc\Delta b_i(k) \tag{4-12}$$

其中 k 为训练次数；mc 为动量因子，一般取 0.95 左右。

附加动量法的实质是将最后一次权值变化的影响通过一个动量因子来传递。当动量因子取值为零时，权值的变化仅是根据梯度下降法产生；当动量因子取值为 1 时，新的权值变化则设置为最后一次权值的变化，而依梯度法产生的变化部分则被忽略掉了。以此，当增加了动量项后，促使权值的调节向着误差曲面底部的平均方向变化，当网络权值进入误差曲面底部的平坦区时，δ_i 将变得很小，于是，$\Delta w_{ij}(k+1) \approx \Delta w_{ij}(k)$，从而防止了 $\Delta w_{ij} = 0$ 的出现，有助于使网络从误差曲面的局部极小值中跳出。

（2）自适应学习速率

对于一个待定的问题，要选择适当的学习速率不是一件很容易的事情。通常是凭经验或实验获取，但即使这样，在训练开始初期功效较好的学习速率，不见得对后来的训练合适。为了解决这一问题，人们自然会想到使网络在训练过程中自动调整学习速率。通常调节学习速率的准则是：检查权值的修正值是否真正降低了误差函数，如果确实如此，则说明所选取的学习速率值小了，可以对其增加一个量；若不是这样，而产生了过调，那么就应该减小学习速率的值。与采用附加动量法时的判断条件相仿，当新误差超过旧误差一定倍数时，学习速率将减少；否则其学习速率保持不变；当新误差小于旧误差时，学习速率将被增加。此方法可以保证网络总是以最大的可接受的学习速率进行训练。当一个较大的学习速率仍能够使网络稳定学习，使其误差继续下降，则增加学习速率，使其以更大的学习速率进行学习。一旦学习速率调得过大,而不能保证误差继续减少,则减少学习速率直到使其学习过程稳定为止。式(4-13)给出了一种自适应学习速率的调整公式:

$$\eta(k+1) = \begin{cases} 1.05\eta(k) & SSE(k+1) < SSE(k) \\ 0.7\eta(k) & SSE(k+1) > 1.04SSE(k) \\ \eta(k) & 其他 \end{cases} \quad (4\text{-}13)$$

初始学习速率 $\eta(0)$ 的选取范围可以有很大的随意性。

实践证明采用自适应学习速率的网络训练次数只是固定学习速率网络训练次数的几十分之一。所以具有自适应学习速率的网络训练是极有效的训练方法。

(3)弹性 BP 算法

BP 网络通常采用 S 形激活函数的隐含层,S 形函数常被称为"压扁"函数,它将一个无限的输入范围压缩到一个有限的输出范围。其特点是当输入很大时,斜率接近 0,这将导致算法中的梯度幅值很小,可能使得对网络权值的修正过程几乎停顿下来。

弹性 BP 算法只取偏导数的符号,而不考虑偏导数的幅值。偏导数的符号决定权值更新的方向,而权值变化的大小由一个独立的"更新值"确定。若在两次连续的迭代中,目标函数对某个权值的偏导数的符号不变号,则增大相应的"更新值";若变号,则减小相应的"更新值"。

在弹性 BP 算法中,当训练发生振荡时,权值的变化量将减小;当在几次迭代过程中权值均朝一个方向变化时,权值的变化量将增大。

4.2.2 BP 网络参数设计

4.2.2.1 BP 网络输入与输出参数的确定

(1)输入量的选择

① 输入量必须选择那些对输出影响大且能够检测或提取的变量。

② 各输入量之间互不相关或相关性很小。

(2)输出量选择

本章的主要目的是要研究惯性摆的能量吸收效率问题,因此均选择惯性摆的波浪能吸收效率作为网络训练的输出量。

4.2.2.2 训练样本集的设计

网络的性能与训练用的样本密切相关,设计一个好的训练样本集既要注意样本规模,又要注意样本的质量。

(1)样本数目的确定

一般来说样本数 n 越多,训练结果越能正确反映其内在规律,但样本的获取往往有一定困难,另一方面,当样本数 n 达到一定数量后,网络的精度也很难提高。

(2)样本的选择和组织

① 样本要有代表性,注意样本类别的均衡。

② 样本的组织要注意将不同类别的样本交叉输入。

③ 网络的训练测试,测试标准是看网络是否有好的泛化能力。测试做法:一般是将收集到的可用样本随机地分成两部分,一部分为训练集,另一部分为测试集。若训练样本误差很小,而对测试集的样本误差很大,则泛化能力差。

4.2.2.3 隐层结构设计

(1)隐层数设计

理论证明:具有单隐层的前馈网络可以映射所有连续函数,只有当学习不连续函数时才需要两个隐层,故一般情况下隐层最多需要两层。

(2)隐层节点数设计

隐层节点数对神经网络的性能有一定的影响。隐层节点数过少时,学习的容量有限,不足以存储训练样本中蕴含的所有规律;隐层节点过多不仅会增加网络训练时间,而且会将样本中非规律性的内容如干扰和噪声存储进去,反而降低泛化能力。一般方法是凑试法,凑试法步骤如下:

① 先由经验公式确定

$$m = \sqrt{n+l} + \alpha \quad \text{或者} \quad m = \sqrt{nl}$$

其中,m 为隐层节点数;n 为输入节点数;l 为输出节点数;α 为调解常数,可在 $1\sim10$ 之间取值。

② 改变 m,用同一样本集训练,从中确定网络误差最小时对应的隐层节点数。

4.2.2.4 初始权值的设计

网络权值的初始化决定了网络的训练从误差曲面的哪一点开始,因此初始化方法对缩短网络的训练时间至关重要。

这里给出两种常用的方法:

① 方法一:取足够小的初始权值;

② 方法二:使初始值为 $+1$ 和 -1 的权值数相等。

4.3 基于 BP 网络的惯性摆能量获取模型的建立

时域下基于 ADAMS 获得动力学求解可获得如图 4-2 所示的结果,虽然比较方便和准确,但是,由于波浪的随机性及其描述方程的复杂性以及惯性摆载体系统结构的多变性,在研究不同外形尺寸、质量、不同波向角以及不同频率下的波浪能获取情况将导致采用 ADAMS 的建模过程变得很复杂,需要进行多个参数和变量的设置及修改,甚至是重新建模,因此难以有效快速获得分析结果。

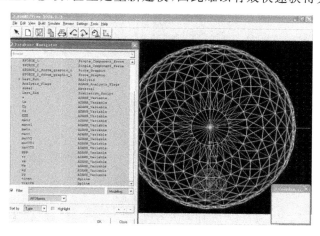

图 4-2　系统 ADAMS 仿真模型

针对这些问题,可通过将复杂问题进行简化处理,结合神经网络建模方法的特点,研究基于 BP 网络的惯性摆能量获取模型的建立。上一章的研究结果表明,影响惯性摆波浪能吸收效率的因素包括载体系统自身和波浪条件两种,因此,根据波浪条件以及载体条件的不同,分别建立如下相应的 BP 网络模型,对其特定条件下的惯性摆波浪能吸收效率进行研究。

① 波浪条件一定时,面向载体条件改变的惯性摆波浪能吸收效率模型;

② 惯性摆及载体条件一定时,面向波浪条件改变的惯性摆波浪能吸收效率模型。

4.3.1　面向载体条件的惯性摆能量吸收效率 BP 网络建模

设波浪频率和波向角及波高等条件一定,建立不同载体半径以及惯性摆与载体质量比的惯性摆波浪吸收效率模型。此外,暂时不考虑波浪的随机性,而先讨论单频简单波条件下的惯性摆能量吸收效率模型。因此,假设波浪条件为:周期 $T=5$ s,波高 $H=4$ m,海水密度 $\rho=1\,000$ kg/m^3,相当于四级海况。

已经有研究表明:具有偏差和至少一个 S 形隐含层加上一个线性输出层的网络,能够逼近任何有理函数[111]。基于此,选用三层 BP 神经网络(如图 4-3 所示),并且为了提高网络收敛速度,采用自适应学习速率 BP 网络进行训练。

BP 网络由输入层、隐含层和输出层三个部分构成。输入层包括一个二维的

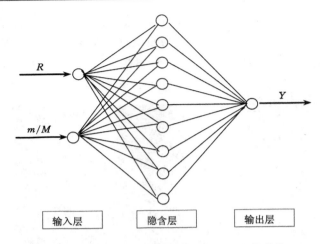

图 4-3　相同波浪条件下所采用的 BP 网络结构

向量 X，即 $X^n = [R^n, (m/M)^n]$；其中 R 为载体外部半径，m/M 为惯性摆与外部载体的质量比；输出层 Y 包含一个元素，惯性摆波浪能吸收效率，即 $Y = \beta^n$，（$n = 1, 2, \cdots, N$）。输入层网络采用双曲正切 S 函数，输出层采用线性函数。所以，最终输出的函数为：

$$\beta = w_2 \frac{\mathrm{e}^x - \mathrm{e}^{-x}}{\mathrm{e}^x + \mathrm{e}^{-x}} + b_2 \tag{4-14}$$

其中，$x = w_1 p + b_1$，p 为输入矢量，由载体半径及小摆和外壳的质量构成，而其他参数 w_1, w_2, b_1, b_2 由神经网络训练获得。

　　分别令系统外部载体半径 a 为 0.1 m，0.22 m，0.45 m，0.55 m，在不同的摆同外部载体质量比下建立相应的 ADAMS 模型，获取数据如表 4-1 所示：

表 4-1　　　　　　　　　　相同波浪条件下 BP 网络训练数据

R/m	0.1	0.1	0.22	0.22	0.45	0.45	0.55	0.55
m/M	0.050 8	0.107 0	1.000 0	0.290 0	0.026 9	0.055 3	0.022 0	0.045 0
$\bar{E}/(\mathrm{N \cdot m})$	616.17	616.17	2 982.3	2 982.3	12 477	12 477	1 863.9	1 863.9
$\beta/\%$	0.17	0.29	8.15	3.36	1.14	2.32	1.15	2.30

　　表中，$\bar{E}$ 为载体所具有的水平面积上的平均波浪能；β 为惯性摆吸收效率。

　　训练过程中，BP 网络参数选择为：程序显示频率 $df = 10$，训练最大次数 $me = 35\,000$，最大误差平方和 $eg = 0.001$，初始学习速率 $lr = 0.01$，经过 2 452 次训练误差和为 SSE = 0.000 995 103 时训练停止，误差平方和与训练速率变化如

图 4-4所示。获得输入输出两个网络的权值和阈值分别如下：

$$\boldsymbol{w}_1 = \begin{bmatrix} 9.104\ 5 & 0.286\ 4 \\ -2.515\ 1 & 5.326\ 5 \\ 5.411\ 5 & -3.664\ 6 \\ 7.616\ 0 & 3.712\ 9 \\ -8.622\ 1 & -0.625\ 8 \\ 8.771\ 9 & 1.414\ 8 \\ 3.939\ 9 & 5.410\ 4 \\ 6.457\ 3 & -4.151\ 9 \\ -8.705\ 9 & 0.714\ 2 \end{bmatrix}, \boldsymbol{b}_1 = \begin{bmatrix} -3.260\ 5 \\ 1.092\ 3 \\ -0.203\ 7 \\ -4.284\ 9 \\ 4.613\ 9 \\ -3.672\ 8 \\ -2.402\ 5 \\ -3.252\ 0 \\ 5.092\ 3 \end{bmatrix}$$

$$\boldsymbol{w}_2 = \begin{bmatrix} 0.521\ 1 & 2.883\ 2 & 1.389\ 8 & 1.757\ 1 & -0.249\ 1 & 0.338\ 1 & 2.814\ 5 \\ -2.786\ 8 & -0.043\ 7 \end{bmatrix}$$

$$\boldsymbol{b}_2 = 0.419\ 4$$

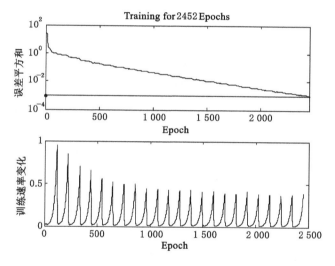

图 4-4　神经网络训练过程的误差平方和与训练速率变化

网络训练结束后要验证网络的精度，因此采用表 4-1 所示的数据组进行网络测试，将测试数据输入训练好的网络或者直接代入公式（4-14）（其中，$\boldsymbol{w}_1$，$\boldsymbol{w}_2$，$\boldsymbol{b}_1$，$\boldsymbol{b}_2$ 采用上述训练所得数据），所得结果同 ADAMS 仿真获得的结果进行对比，结果如表 4-2 所示。

表 4-2		BP 网络测试				
R/m	0.22	0.22	0.3	0.55	0.45
m/M	0.508 8	0.126 7	0.056 1	0.065 8	0.117 1
网络训练结果 $\beta/\%$	5.41	1.55	1.27	3.30	4.70
ADAMS 仿真结果 $\beta/\%$	5.42	1.52	1.14	3.34	4.70
误差	−0.001 8	0.019 7	0.114 0	−0.012 0	0

由表 4-2 可见,所训练的神经网络函数平均误差率达到了 0.029 5,即网络的训练精度达到了 97.05%,该方法及其训练结果可以很好地表征惯性摆载体的能量获取及捕获宽度比情况,可以基于该训练结果进行载体能量获取的研究。图 4-5 即为根据该网络训练结果建立的载体半径 R,惯性摆与壳体质量比与能量吸收效率的关系曲面。由此可以找到获取最大能量吸收效率时对应的载体半径及惯性摆和载体半径的最佳比例。

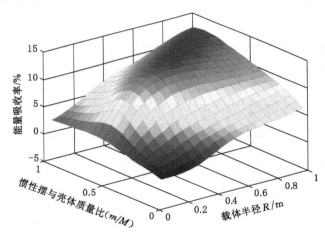

图 4-5　波浪条件一定时影响能量吸收比因素的三维曲面

4.3.2　面向波浪条件的惯性摆能量吸收效率 BP 网络建模

当载体的半径及惯性摆和载体质量比 m/M 等参数保持不变时,可以设定系统参数不变的条件下改变波浪的频率及波向角,观察此时的能量吸收比的变化情况,建立相应的 BP 网络模型。

假设系统条件为:

① 载体半径 R：0.906 5 m;

② 惯性摆与载体的质量比 m/M 为：0.444 4;

③ 惯性摆摆杆质量忽略,杆长 l 为:0.307 8 m;

④ 摆球半径 r 为:0.224 2 m。

而 BP 结构仍然采用三层结构,只是将输入参数加以修改,如图 4-6 所示。

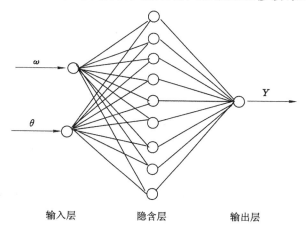

图 4-6　相同波浪条件下所采用的 BP 网络结构

在 ADAMS 中建立如上假设的载体条件模型,改变模型中由于波浪条件不同而产生的不同的荷载力,即可获取所要的波浪条件的能量获取情况。分别设定波浪频率为:0.5 rad/s、0.75 rad/s、1 rad/s、1.25 rad/s、1.5 rad/s、1.75 rad/s、2 rad/s 和 2.25 rad/s;设定波向角分别为:0°、22.5°、45°、67.5°和 90°,二者之间随意组合,获取如下的训练数据,其中波向角采用了弧度的表达方式。

表 4-3　　　　　　　　　相同系统条件下 BP 网络训练数据

波向角	0	0	0	0	0	0.392 7
频率	0.5	1	1.5	1.75	2.25	0.75
摆能量×10³	0.245 4	0.764 0	1.218 9	1.248 1	1.146 6	0.154 4
吸收率	0.082 3	0.256 2	0.408 7	0.418 5	0.384 5	0.051 8
波向角	0.392 7	0.392 7	0.392 7	0.392 7	0.785 4	0.785 4
频率	1.5	1.75	2	2.25	0.5	1
摆能量×10³	1.114 7	1.217 6	1.195 3	1.163 9	0.099 4	0.153 2
吸收率	0.373 8	0.408 3	0.400 8	0.390 3	0.033 3	0.051 4
波向角	0.785 4	0.785 4	0.785 4	1.178 1	1.178 1	1.178 1

频率	1.5	1.75	2	0.5	0.75	1.25
摆能量×10³	0.820 6	0.974 7	1.001 1	0.095 4	0.097 0	0.292 8
吸收率	0.275 2	0.326 8	0.335 7	0.032 0	0.032 5	0.098 2
波向角	1.178 1	1.178 1	1.178 1	1.570 8	1.570 8	
频率	1.5	2	2.25	0.5	0.75	
摆能量×10³	0.399 0	0.486 8	0.594 9	0.085 4	0.095 5	
吸收率	0.133 8	0.163 2	0.199 5	0.028 6	0.032 0	

BP 网络参数选择为:程序显示频率 $df=10$,训练最大次数 $me=35\,000$,最大误差平方和 $eg=0.001$,初始学习速率 $lr=0.01$,隐层数设置为 11,经过 3 707 次训练,$lr=0.384\,798$,误差和为 $SSE=0.000\,999\,937$ 时训练停止,误差和训练速率变化如图 4-7 所示。获得输入输出两个网络的权值和阈值分别如下:

$$
w_1 = \begin{bmatrix}
-2.911\,0 & 0.484\,4 \\
2.521\,5 & 1.480\,0 \\
1.155\,8 & 2.445\,0 \\
-3.052\,5 & 0.203\,7 \\
2.286\,6 & 1.848\,2 \\
2.741\,8 & -0.535\,7 \\
1.986\,2 & -1.993\,6 \\
2.875\,0 & 1.169\,1 \\
-2.005\,3 & 1.730\,0 \\
-1.996\,5 & 1.890\,2 \\
-0.075\,7 & 2.887\,3
\end{bmatrix}, b_1 = \begin{bmatrix}
2.719\,4 \\
-3.388\,7 \\
-2.542\,8 \\
4.649\,9 \\
-3.806\,5 \\
-1.576\,3 \\
1.666\,4 \\
-3.034\,0 \\
-1.562\,0 \\
-2.538\,3 \\
-5.280\,2
\end{bmatrix}
$$

$$
w_2 = [-0.077\,2 \quad -0.539\,2 \quad -0.050\,9 \quad 0.085\,8 \quad 0.372\,9 \quad -0.062\,5 \quad -0.566\,9 \quad 0.276\,5 \quad -0.494\,9 \\ 0.234\,6 \quad -0.172\,3]
$$

$$
b_2 = 0.157\,5
$$

采用表 4-3 所示的数据组进行网络测试,将测试数据输入训练好的网络或者直接代入公式(4-14),所得结果与 ADAMS 仿真获得的结果进行对比,结果如下。

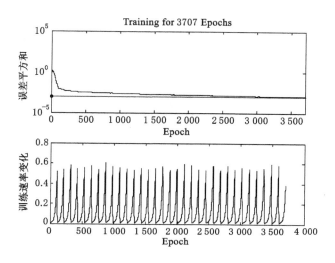

图 4-7　神经网络训练过程的误差平方和和训练速率变化曲线

表 4-4   **BP 网络测试**

波向角	0	0	0.392 7	0.392 7	0.785 4	0.785 4	1.178 1
频率	0.75	1.25	0.5	1.25	0.75	2.25	1.75
ADAMS 结果	0.166 3	0.355 5	0.034 0	0.326 3	0.045 3	0.345 5	0.138 8
网络测试结果	0.163 4	0.342 3	0.028 9	0.239 4	0.023 6	0.321 2	0.139 7
误差	0.002 9	0.013 2	0.005 1	0.086 9	0.021 7	0.024 3	−0.000 9

在相同的载体条件下,改变波浪参数后训练的神经网络函数平均误差率达到了 0.022 1,即网络训练精度达到了 97.79%。同样,图 4-8 也给出了波浪的频率及波向角与惯性摆能量吸收效率间的关系曲面。从中可以看出,波向角为 0°,波浪频率越大的时候惯性摆的能量吸收效率较大。通过建立的 BP 网络模型,可以获得不同波浪条件下的惯性摆能量吸收效率,找出最佳的波浪频率与波向角的匹配关系,为今后研究波浪能装置的控制问题提供设计依据。

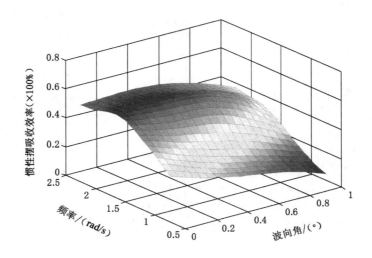

图 4-8　惯性摆系统条件一定时影响能量吸收比因素的三维曲面

第 5 章　频域下惯性摆波浪能获取研究

5.1　引　　言

由前面的分析和实验结果可知,在时域中采用 ADAMS 等软件研究惯性摆波浪能吸收状态及效率时,受系统及波浪的复杂性影响具有一定难度,这给系统的结构设计优化和数据分析带来诸多困难,有些因素甚至直接影响优化结果。因此,本章节提出采用频域下的波浪能建模方法,通过研究建立频域下载体系统获取波浪能的模型,为惯性摆能量获取系统的波浪能吸收效率优化设计提供相关理论依据。

5.2　结构分析及能量获取模型

由图 3-1 所建立的系统仿真模型可知,简化浮游载体和二维平面运动惯性摆结构模型可如图 5-1 所示,即在二维波浪作用条件下进行系统动力学分析。

当惯性摆与载体质量中心的相对位移 $r' = 0$ 时,即假设摆固定情况下,整个系统受水平波浪力和力矩作用下的运动方程为:

$$\begin{cases} I\ddot{\theta} + k_p\theta + Bh_f\dot{y} = t_w \\ M'\ddot{z} + B\dot{y} = f_w \end{cases} \tag{5-1}$$

式中,k_p,I 分别为惯性摆静止情况下,载体的流体静力学俯仰系数和关于系统总质心的转动惯量;B 为前后运动产生的辐射力系数;h_f 为系统总质心与浮心的距离;M' 为系统的总质量;f_w,t_w 为作用在静止的载体上的水平波浪力和俯仰波浪力矩;y 为载体波浪压力中心的水平绝对位移;z 为总体系统质心的水平绝对位移;θ 为系统外部载体俯仰角。

当 $r' \neq 0$ 时,即释放内部惯性摆,使其可以自由摆动,与载体质量中心产生相对运动时,惯性摆运动方程为:

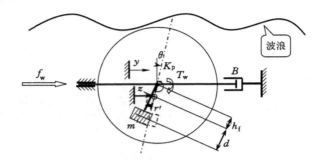

图 5-1　两自由度波浪力作用下的波浪能系统

$$
\begin{cases}
- m\ddot{r}' + mr'\dot{\theta}^2 + mg\sin\theta = f_n \\
- zmr'\dot{r}\dot{\theta} - mr'^2\ddot{\theta} + mgr'\cos\theta + m\ddot{r}'d = t_n
\end{cases} \tag{5-2}
$$

式中，m 为摆锤质量；f_n, t_n 分别为惯性摆运动在总质心上产生的有效水平力和力矩；d 为惯性摆质心与系统总质心间的距离；g 为重力加速度。

由方程(5-1)、(5-2)，系统总的运动方程可以写为：

$$
\begin{cases}
I\ddot{\theta} + k_p\theta + Bh\dot{y} = t_w + t_n \\
M\ddot{z} + B\dot{y} = f_w + f_n
\end{cases} \tag{5-3}
$$

当 θ, r' 较小时，方程中 $m\dot{\theta}^2 r'$ 项，$-2m\dot{\theta}\dot{r}'r'$ 项和 $-mr'^2\ddot{\theta}$ 项均可忽略。设波浪激励角频率 ω，在频域下消去 θ 后得：

$$
(iK_pB\omega - K_p\omega^2 M' - iB\omega^3 I + \omega^4 IM' - i\omega^3 BM'h_f^2)Y
$$
$$
= [(K_p - \omega^2 I)F - \omega^2 M'h_f T] + [(K_p - \omega^2 I)(m\omega^2 R' + mgR')
$$
$$
- \omega^2 Mh_f m(g - \omega^2 d)R'] \tag{5-4}
$$

在上式中，令

$$
\begin{cases}
U = -K_p\omega^2 M' + \omega^4 IM' \\
V = K_pB\omega - B\omega^3 I - \omega^3 BMh_f^2 \\
Q = (K_p - \omega^2 I)F - \omega^2 M'h_f T \\
S = (K_p - \omega^2 I)(m\omega^2 + mg) - \omega^2 M'h_f m(g - \omega^2 d)
\end{cases}
$$

其中，F、T、K_p、Y、R' 分别为 f_w, t_w, k_p, y 和 r' 的矢量。

故有：
$$
(U + iV)Y = Q + SR' \tag{5-5}
$$

则惯性摆获得动能可用下式描述：

$$
P = \frac{1}{2}m\omega^2 R'^2 \tag{5-6}
$$

将方程(5-5)和(5-6)与文献[112]中的模型优化方程进行对比,可以推出该模型的最优化波浪能捕获模型为:

$$P_I = \frac{m\omega^3 |Q|^2}{8V} \qquad (5\text{-}7)$$

其对应的载体最优运动距离 Y_I 和内部惯性摆摆动幅度 R'_I 分别为[113]:

$$\begin{cases} Y_I = \dfrac{Q}{2iV} \\[2mm] R'_I = \dfrac{(U - iV)Y_I}{S} \end{cases} \qquad (5\text{-}8)$$

式(5-7)和(5-8)给出了频域下针对图 5-1 惯性摆结构形式,惯性摆载体在受水平波浪力和俯仰力波浪力矩时的能量获取最大时的能量模型及获得最大能量时惯性摆相应摆动位移和载体压力中心的水平绝对位移。

5.3　基于多种群遗传算法的模型优化

从式(5-4)至式(5-7)可知,影响惯性摆能量获取的因素有很多,但是只要波浪频率 ω 一定,就可以获得不同载体条件下的惯性摆能量获取值。虽然波浪条件比较复杂,优化过程数据量较大,但是通过采用频域建模方法,将波浪条件缩减到仅考虑频率问题即可。而对于复杂的载体结构条件,可以采用多种群并行遗传算法进行结构参数优化。该算法维持群体中个体的多样性,把群体分割成若干子群体,每个群体独立地进行遗传操作,这样可使由于出现不适当个体而产生早熟现象局部化,从而达到抑制早熟现象的目的。

5.3.1　种群初始化

设计初始种群个体长度为 7,包含的变量有:外部载体半径 a,外部载体质量 m_1 和内部惯性摆质量 m_2,内部摆锤半径 a_1,内部摆杆长度 l,系统总质心与浮心的距离 h 以及内部惯性摆的质心与系统总质心间的距离 d。此外,为了提高算法运行速度,减小初始种群长度,采用实数编码形式。这样,仿真时可根据情况对各个变量进行界定,按照给定范围,随机产生初始种群 $P(t)$,按信息交换模型划分 $P(t)$ 为子群体:$P(t) = \{P_1(t), \cdots, P_i(t), \cdots, P_n(t)\}$,其中,$n$ 为分组数,然后分组计算各 $P_i(t)(i = 1, 2, \cdots, n)$ 中个体的适应度。

5.3.2　适应值函数的确定

系统的主要目的是要最大化获取波浪能,所以以捕获波浪能能量最大为目标进行结构优化设计,即使得波浪能的相反数 $-P_I$ 最小,所以选择 $-P_I$ 为算法的适应值函数,设计变量归一化后取值范围均为 $0.05 \leqslant x \leqslant 1$,$x = \{a, m_1, m_2, a_1, l, h,$

$d\}$，其中 0.05 为人为限定的各变量的最小值。所以优化的数学模型可表达为：

$$\text{Min} \quad f(x) = -\frac{m_2\omega^3\,|Q|^2}{8V}$$

$$\text{s. t} \quad 0.05 \leqslant x_i \leqslant 1 \quad (i = 1, 2, \cdots, 7) \tag{5-9}$$

5.3.3　遗传操作

(1) 对各 $P_i(t)(i = 1, 2, \cdots, n)$ 进行分组独立进化[114]：

① 由选择算子进行复制：$P'_i(t) \leftarrow \text{selection}[P_i(t)]$；

② 由交叉算子进行交叉操作：$P_i(t) \leftarrow \text{crossover}[P'_i(t)]$；

③ 由变异算子进行变异操作：$P'''_i(t) \leftarrow \text{mutation}[P_i(t)]$。

(2) 分组计算各 $P'''_i(t)(i = 1, 2, \cdots, n)$ 中个体适应值。

(3) 由信息交换模型进行各 $P_i(t)(i = 1, 2, \cdots, n)$ 之间的信息交换，得到下一代群体：

$$P_i(t+1) \leftarrow \text{exchange}[P_i(t), P'''_i(t)]$$

反复进行遗传操作，通过设定终止条件最终获得最优结果。

5.4　仿真结果及分析

采用多种群并行遗传算法对波浪能提取装置进行最优能量获取的模型参数优化，仿真过程中假设波体是理想的，不可压缩的，运动是无旋的，波浪为规则运动波。优化过程中存在波浪力和力矩与外部载体半径之间的非线性关系以及水动力参数的求取等问题，为了解决非线性问题，采用最小二乘法进行拟合，将非线性关系线性化以便算法的运行。

5.4.1　优化过程中的拟合

优化过程中主要涉及两个非线性运算：$F_w = f_1(R)$ 和 $T_w = f_2(R)$。这些非线性关系严重影响了优化的运行，导致优化进程过于缓慢，所以采用最小二乘法对其进行拟合。

波浪是海洋的自然现象，具有一定的周期性，黏性的作用很小。

根据傅汝德-克雷诺夫（Froude-Krylov）假设，在规则波中载体的存在不影响波浪中的压力分布，则作用在载体上的波浪力和力矩为：

$$\begin{cases} \boldsymbol{F}_w = -\iint \Delta p\boldsymbol{n}\,\mathrm{d}S \\ \boldsymbol{T}_w = -\iint \Delta p(\boldsymbol{n} \times \boldsymbol{r})\,\mathrm{d}S \end{cases} \tag{5-10}$$

其中，S 是载体湿表面面积；$\boldsymbol{n}$ 是 S 的单位外法线矢量；$\boldsymbol{r}$ 为载体表面上任一点的位置矢量。

　　设载体作随浪运动,即波向角为零。由于波浪力(矩)表达式为积分形式,严重影响求取过程算法运行速度,所以采用最小二乘拟合方法,将波浪力(矩)拟合成多项式形式,以提高运算效率。拟合后结果如下:

$$\begin{cases} F_{\mathrm{w}} = (13\,232R^3 - 5R^2 + 2R) \\ T_{\mathrm{w}} = 601R^5 - 1\,025R^4 + 721R^3 - 242.3R^2 + \\ \qquad\qquad 36.8R - 1.9 \end{cases} \qquad (5\text{-}11)$$

　　拟合值与真实值间的对比如图 5-2 所示。

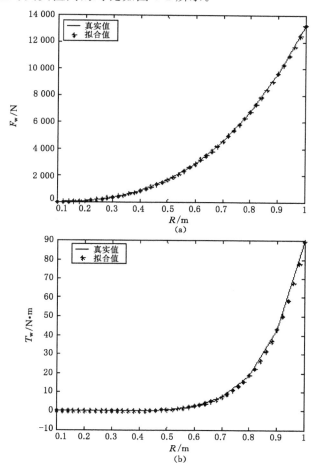

图 5-2　优化过程中的波浪力(矩)拟合

(a) $F_{\mathrm{w}} \sim R$ 拟合曲线;(b) $T_{\mathrm{w}} \sim R$ 拟合曲线

5.4.2　水动力系数求取

载体在波浪中运动所受到的力除了波浪力外还包括惯性水动力和黏性水动力,其中,惯性水动力是因载体受到波浪力影响而产生的加速度和角加速度造成的,主要由附加质量来衡量,对于球体来说其附加质量即为总质量的一半,求取比较方便,而黏性水动力为非线性函数,求取相对较难[115-118]。分析运动过程只考虑水平方向的波浪力,则黏性水动力系数 B 为水平运动速度的函数,可用式(5-12)来描述:

$$B = \frac{1}{2}\rho S C_x Y \tag{5-12}$$

其中, $C_x = C_f + C_w$ 为载体水平黏性水动力系数; C_f 为载体的摩擦阻力系数; C_w 为载体的压差阻力系数。

5.4.3　遗传操作参数设定

仅考虑单频波环境,参数设置为:周期 $T=5$ s,波高 $H=4$ m,海水密度 $\rho = 1\ 000\ \mathrm{kg/m^3}$,水的运动黏性系数 $\nu = 1.188\ 3 \times 10^{-6}\ \mathrm{m^2/s}$ 。为简化起见,设计实验系统外形为球形,内置一可单自由度摆动的惯性摆,由于波浪力的作用,惯性摆产生受迫运动。根据上述能量优化的方程、波浪力(矩)和水动力系数求取方法以及所建立的优化目标函数进行遗传操作。

初始种群规模取 100(并行遗传算法子群体规模为 20);交叉算子采用两点算数交叉,交叉概率为 0.9;变异算子采用高斯变异,变异概率为 0.05;最大遗传代数为 100 代;个体替换率为 0.2;子种群间移民概率为 0.2;子群体数目为 5 个,载体及惯性摆的质量均采用系数 $4.188\ 8 \times 10^3$ 进行归一化及均采用实际质量除以 $4.188\ 8 \times 10^3$ 后归一化。适应度尺度变换采用线性比例法,选择操作采用轮盘赌方法。

5.4.4　优化结果

采用同样参数的多种群并行遗传算法和标准遗传算法分别进行了优化计算,其解的收敛情况如图 5-3 所示。

由图 5-3 可知,采用标准遗传算法在达到 100 代遗传代数时仍未收敛,所得结果并非是真正的最优结果。而采用多种群并行遗传算法在第 80 代开始收敛到最小值,说明了所采用算法的先进性。图 5-4 为算法初始种群及其对应的目标函数值分布,而采用多种群并行遗传算法进行优化的结果如图 5-5 所示,图 5-5(a)为经过 40 代时的个体值,而图 5-5(b)为 100 代遗传优化后的结果,优化后载体吸收的平均能量最大值达到了 $2.851\ 7 \times 10^{13}$ J,而最优个体 $x_1 = \{0.985\ 1\quad 0.906\ 0\quad 0.050\ 0\quad 0.050\ 0\quad 0.232\ 3\quad 0.220\ 2\quad 0.012\ 2\}$ 。由此可

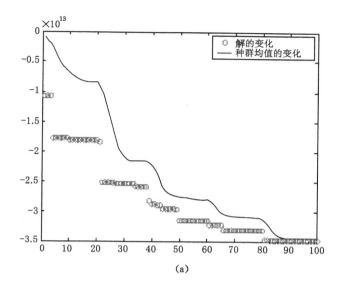

(a)

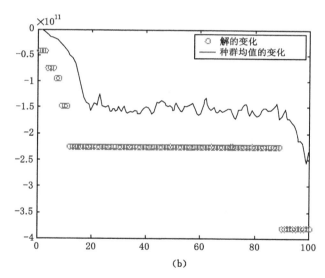

(b)

图 5-3　遗传算法解的收敛情况

（a）多种群并行遗传算法结果；（b）标准遗传算法结果

见，外部载体半径越大、内部摆锤质量越大及外部壳体质量越小的情况下，所获取的波浪能量越大。图 5-6 所示为波浪能获取关系曲线。

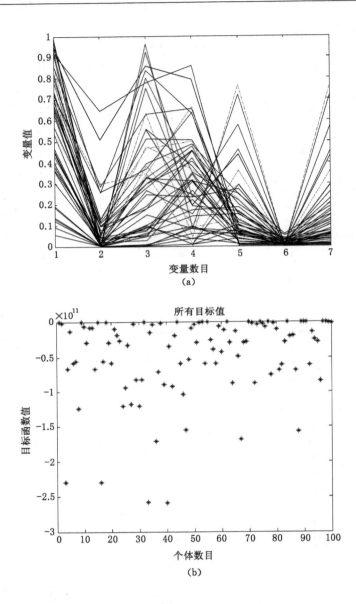

图 5-4　采用多种群并行遗传算法时的初始值

（a）初始种群中所有个体；（b）所有目标函数值

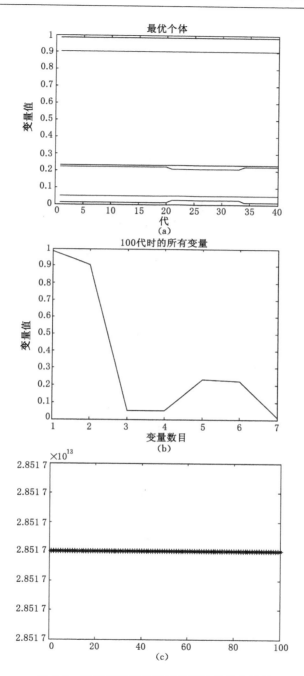

图 5-5　采用多种群并行遗传算法的优化结果

(a) 40 代时各个变量的值；(b)100 代时获得的最优个体；(c)最优目标函数值

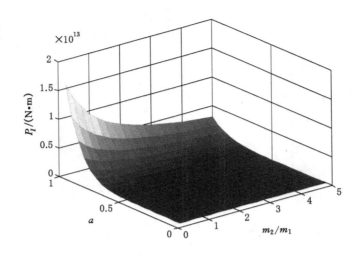

图 5-6　波浪能获取关系曲面

此外,由所建立的最优能量获取方程也可以得到不同波向角及不同频率下惯性摆获取最优能量及受力(矩)情况。为了节省篇幅,对于每个波向角仅举一例进行说明。

设载体条件为遗传算法初始种群中随机抽取的一个个体:$x=[0.906\ 5\quad 0.515\ 8\quad 0.229\ 2\quad 0.224\ 2\quad 0.307\ 8\quad 0.213\ 1\quad 0.094\ 7]$,仅有波浪的频率 ω 和波向角 θ 不同,能量变化关系曲线如下:① $\omega=0.5$,$\theta=0°$时如图 5-7 所示;② $\omega=0.75$,$\theta=22.5°$时如图 5-8 所示;③ $\omega=1$,$\theta=45°$时如图 5-9 所示;4. $\omega=1.25$,$\theta=67.5°$时,如图 5-10 所示。

因此,可以获得在不同波向角下惯性摆获取能量随频率变化的关系曲线(见图 5-11)。从图中可以看出,波向角为 0°时惯性摆获取的能量最大,这与在时域中所获得的结论是相同的,再一次验证了惯性摆系统在波向角为 0°时可以最大化地吸收波浪能。

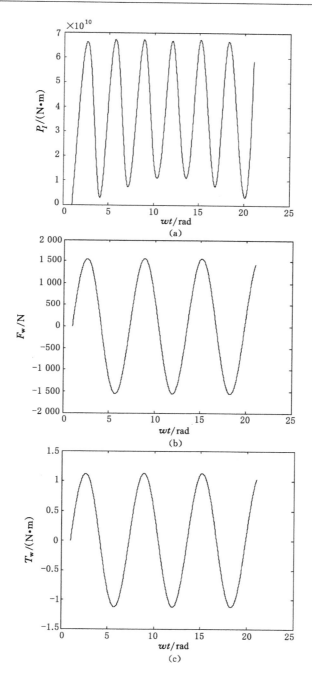

图 5-7　$\omega=0.5,\theta=0°$ 时惯性摆能量获取及受力情况

（a）获取的能量；（b）所受的波浪力；（c）所受的波浪力矩

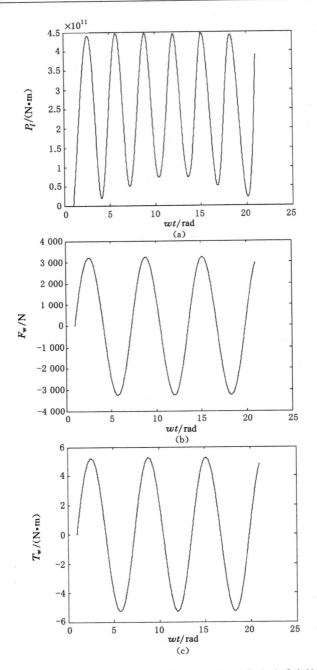

图 5-8　$\omega=0.75, \theta=22.5°$ 时惯性摆能量获取及受力情况

（a）获取的能量；（b）所受的波浪力；（c）所受的波浪力矩

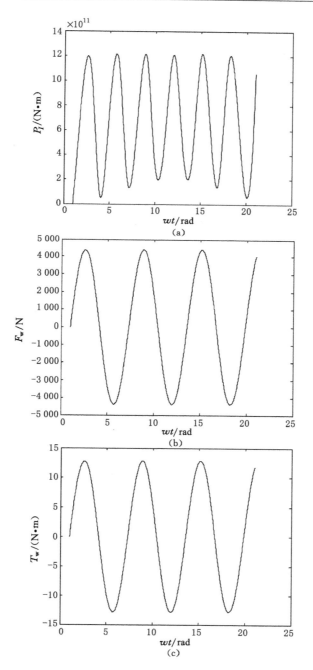

图 5-9　$\omega=1,\theta=45°$ 时惯性摆能量获取及受力情况

（a）获取的能量；（b）所受的波浪力；（c）所受的波浪力矩

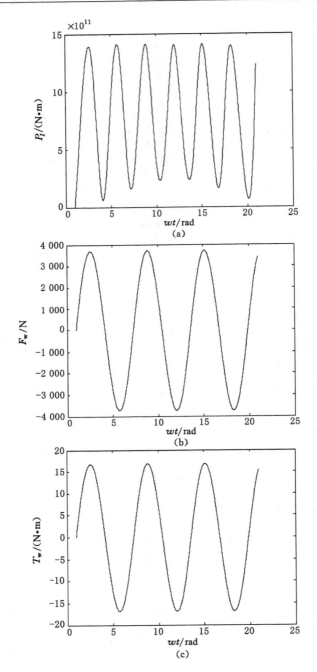

图 5-10 $\omega=1.25, \theta=67.5°$时惯性摆能量获取及受力情况

(a) 获取的能量;(b) 所受的波浪力;(c) 所受的波浪力矩

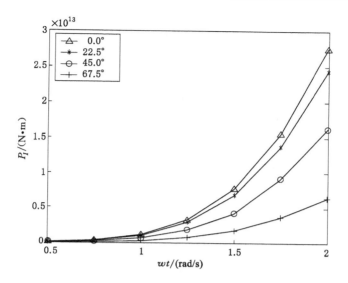

图 5-11　惯性摆获取能量随频率变化关系曲线

第 6 章 惯性摆装置结构研究

6.1 引言

为了适应波浪力多向性的特点,需要对所提出的单惯性摆结构加以改进,以增加其运动自由度,从而使惯性摆可以自动调节以适应波向角的变化,使惯性摆结构始终处于较优的能量吸收状态下,最大限度地自主吸取波浪能量。为了方便分析研究,本章采用单频波浪环境对结构的能量获取情况进行研究。

6.2 波浪能获取分析

首先,在所建立的系统模型下分析系统获取波浪能量的情况,设图 6-1 所示系统简图中的惯性摆为单自由度惯性摆。当受到外界作用力时,惯性摆将作受迫的惯性运动,外力消失后,在不需要弹簧的辅助作用下,运动幅度会渐进减小,但不会突然消失。这种结构特点可以确保利用惯性摆进行能量的稳定输出。

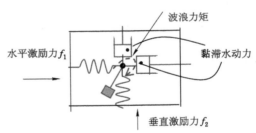

图 6-1 惯性摆做受迫运动简图

在波浪力作用下,具有惯性摆的浮游载体受到波浪激励推力和内部摆的惯性力作用,产生不规则运动,进而促使内部惯性摆做受迫运动,其纵向平面运动机理如图 6-1 所示。可以看出载体纵剖面受三个波浪力(力矩),即是波浪零入射角时载体所受的波浪力(力矩)。惯性摆做受迫运动,将波浪运动能量转换成惯性摆的转动能量,进而达到吸收波浪能的目的。

前几章已经对波向角不同波向角下单惯性摆载体及惯性摆的能量获取情况进行了分析和研究,得出结论是单惯性摆条件下,波向角 $\gamma=0°$ 时惯性摆的能量吸收效率是最大的。图 6-2 给出了表 6-1 所示的载体和惯性摆条件下,$\gamma=0°$ 和 $\gamma=45°$ 两种情况的能量获取对比研究。

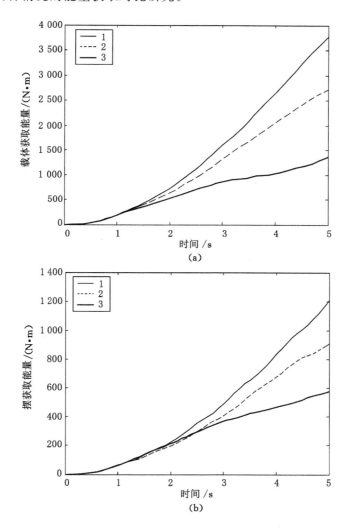

图 6-2 波向角 $\gamma=0°$ 和 $\gamma=45°$ 时载体和摆一个波浪周期内获取能量对比

(a) 载体获取能量;(b) 摆获取能量

表 6-1　　　　　　　　　仿真实验中各部件 1 参数

构件	尺寸/m	质量/kg	相对于质心的转动惯量/(kg·m²)		
			I_{xx}	I_{yy}	I_{zz}
外壳	$\phi 0.22$（外径） $\phi 0.215$（内径）	24.478 6	0.772	0.772	0.772
摆杆	$\phi 0.004 \times 0.029\ 8$	0.063 6	9.14×10^{-5}	8.58×10^{-8}	9.14×10^{-5}
摆锤	$\phi 0.06$	20	0.028 8	0.028 8	0.028 8

　　图 6-2 中曲线 1 表示波向角 $\gamma = 0°$ 时载体获取能量和惯性摆获取能量；曲线 2 表示波向角 $\gamma = 45°$ 时三维波浪力（包括纵向、垂直及俯仰三个方向的力和力矩）条件下载体获取能量和惯性摆获取能量；曲线 3 表示波向角 $\gamma = 45°$ 时六维波浪力条件下载体获取能量和惯性摆获取能量。由图 6-2 可见，波向角 $\gamma = 0°$ 时载体和惯性摆获取能量都相对较大，但是一旦入射波具有一定波向角入射时，载体和惯性摆获取能量都将减少，而当考虑全部自由度的波浪力时，两种获取能量还将减少，所以需要对具有一定波向角的六自由度波浪作用下的不同惯性摆结构的能量获取情况进行分析。

6.3　波浪能获取结构优化设计

　　为了方便进行具有波向角情况下惯性摆结构的研究，选择 $\gamma = 45°$ 时的波浪条件进行研究，包括单惯性摆在内共提出八种结构进行能量获取研究。结构示意图及其所具有的运动自由度如图 6-3 所示。其中，单惯性摆结构具有一个转动的自由度，两自由度的惯性摆、水平向自调角摆动、双摆摆动和万向节结构均具有两个转动自由度，双向自调角摆动和球形副结构具有三个转动自由度。

　　以下分别对除单摆之外的几种惯性摆结构进行能量获取研究。

6.3.1　两自由度的惯性摆

　　该结构采用两个具有垂直转动方向的连杆相连接，构成惯性摆的摆杆结构，使得摆锤的摆动在水平平面上具有两个自由度，以增强能量获取。根据 3.2.2 节给出的 ADAMS 建模方法添加各种参数和变量，参数值如表 6-1 所示，而内部惯性摆结构采用图 6-4 所示模型，两杆连接的长度及质量均与原惯性摆的摆杆相同。

　　具有这种结构的惯性摆系统的能量获取情况如图 6-5(a) 所示，图 6-5(b) 为

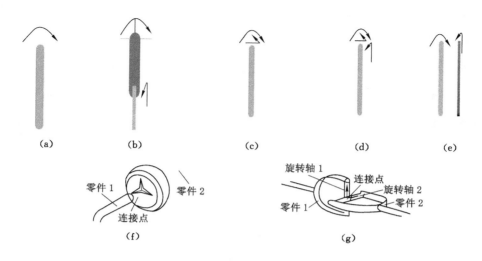

(a)　　　　(b)　　　　　(c)　　　　　(d)　　　　　(e)

零件 1　　零件 2
连接点
(f)

旋转轴 1　连接点
旋转轴 2
零件 1　　零件 2
(g)

图 6-3　几种试验用惯性摆自由度示意图

（a）单自由度惯性摆；（b）两自由度的惯性摆；（c）水平向自调角摆动；（d）双向自调角摆动；
（e）双摆摆动；（f）球形副结构；（g）万向节结构

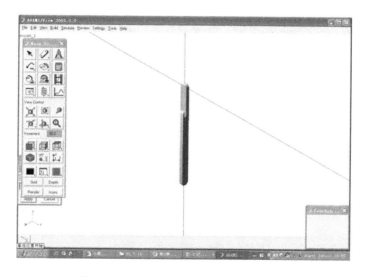

图 6-4　ADAMS 中两自由度惯性摆结构

响应的摆锤的能量获取情况。

6.3.2　水平自调角

根据 3.2.2 节给出的 ADAMS 建模方法添加各种参数和变量，参数值如

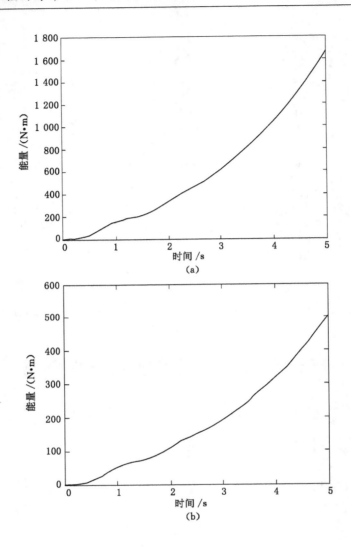

图 6-5　两自由度惯性摆能量获取情况

（a）系统能量获取情况；（b）摆锤能量获取情况

表 6-1所示，而内部惯性摆结构采用图 6-6所示模型，水平自调角结构为在原有单惯性摆的基础上加一个可以横向转动的横杆，使得惯性摆结构可以与外部载体间具有水平方向的相对转动，两杆的质量和与单摆相同。通过 ADAMS 仿真，可得其能量获取情况如图 6-7所示。

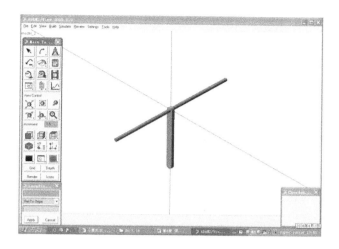

图 6-6 ADAMS 中的水平自调角模型

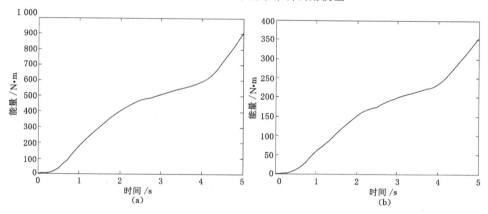

图 6-7 水平自调角结构能量获取情况

（a）系统能量获取情况；（b）摆锤能量获取情况

6.3.3 双向自调角结构

根据 3.2.2 节给出的 ADAMS 建模方法添加各种参数和变量，参数值如表 6-1 所示，而内部惯性摆结构采用图 6-8 所示模型，在水平自调角结构的基础上再在外部惯性摆间加一个垂直方向的滑道机构，使系统同时具有水平和垂直方向的自调角功能，称之为双向自调角结构。其中外部可见的球形结构是为了配合外部载体的球形结构而设的球形滑道，可根据具体外部载体结构进行改进。其能量获取情况如图 6-9 所示。

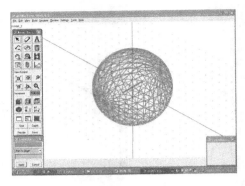

图 6-8　ADAMS 中建立的双向自调角惯性摆结构

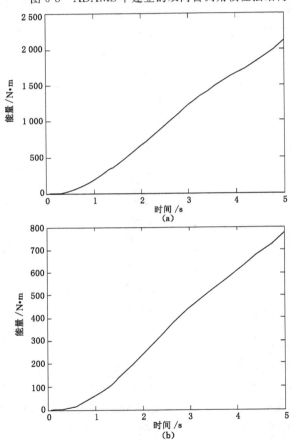

图 6-9　双向自调角结构能量获取情况

（a）系统能量获取情况；（b）摆锤能量获取情况

6.3.4　双摆结构

根据 3.2.2 节给出的 ADAMS 建模方法添加各种参数和变量，参数值如表 6-1 所示，内部惯性摆结构采用图 6-10 所示模型，在互不干扰的距离条件下，选择两个摆同时进行能量的获取，两个摆的摆动方向垂直，即可获取不同方向的能量。通过 ADAMS 仿真，可得其能量获取情况如图 6-11 所示。

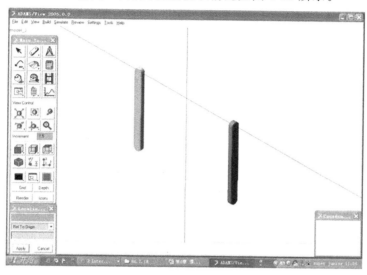

图 6-10　ADAMS 中建立的双向惯性摆结构

6.3.5　具有球形副的单惯性摆结构

根据 3.2.2 节给出的 ADAMS 建模方法添加各种参数和变量，参数值如表 6-1所示，在原有单惯性摆结构的基础上，将惯性摆与外部载体间的约束设置成图 6-3(f)所示的球形副结构，因为球形副本身具有三个转动的自由度，而不具有移动副，因此使得惯性摆具有了三个自由度的运动。通过 ADAMS 仿真，可得其能量获取情况如图 6-12 所示。

6.3.6　万向节结构

根据 3.2.2 节给出的 ADAMS 建模方法添加各种参数和变量，参数值如表 6-1所示，在原有单惯性摆结构的基础上，将惯性摆与外部载体间的约束设置成图 6-3(g)所示的通用万向节结构，则结构具有两个转动的自由度，不具有移动副，因此使得惯性摆具有了二个自由度的运动。通过 ADAMS 仿真，可得其能量获取情况如图 6-13 所示。

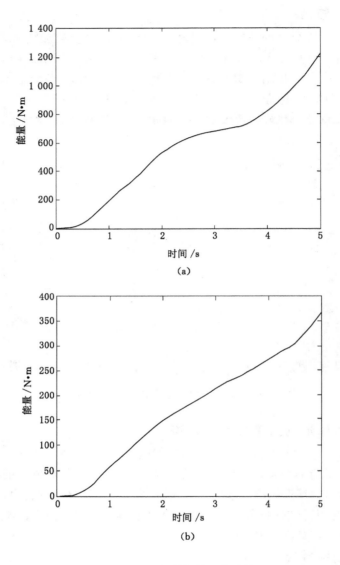

图 6-11　双摆结构能量获取情况

（a）系统能量获取情况；（b）摆锤能量获取情况

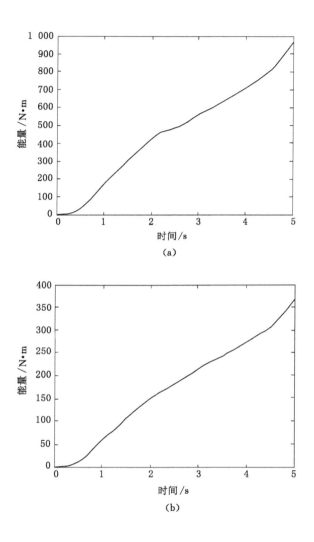

图 6-12　球形副惯性摆能量获取情况

（a）系统能量获取情况；(b) 摆锤能量获取情况

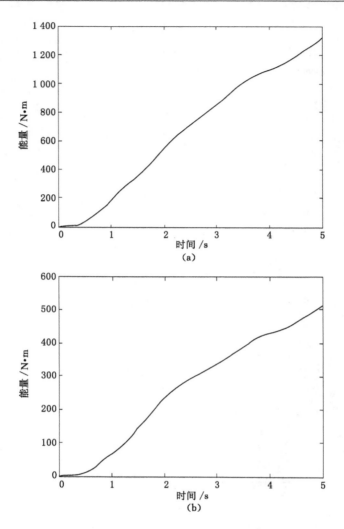

图 6-13　万向节结构惯性摆能量获取情况
（a）系统能量获取情况；（b）摆锤能量获取情况

6.4　惯性摆对比研究及结果

对八种惯性摆结构分别进行仿真研究，能量获取情况如表 6-2 所示。其中 $E_{载}$ 表示载体在一个波浪周期内获取能量最大值，$E_{摆}$ 表示惯性摆在一个波浪周期内获取能量最大值。捕获宽度比 η，能量吸收比 η_r 以及能量吸收效率 β 的计算见 3.6.2 节定义。

表 6-2　　　　　　　　　　　　　八种结构的能量情况对比

惯性摆形式	单自由度惯性摆	两自由度的惯性摆	水平向自调角摆动	双向自调角摆动	双摆摆动	球形副	万向副
$E_{载}$	1 363.784	1 668.064	905.491	2 116.998	1 225.211	969.487 5	1 324.189 7
$E_{摆}$	579.204 9	503.042 1	353.476 3	780.946 5	567.446 1	367.059	515.917
$\eta_r / \%$	42.47	30.16	39.04	36.89	46.31	37.86	38.96
$\eta / \%$	9.15	11.19	6.07	14.2	8.22	6.5	8.88
$\beta / \%$	3.89	3.37	2.37	5.24	3.81	2.46	3.46

由表 6-2 可以看出,当波向角为 45°时,从获得动能与势能的总体能量来看,双向自调角摆动获取能量较多,而所谓双向自调角就是在载体的水平和竖直两个面上分别加两个滑道,称其为滑道 1 和滑道 2,随波浪的随机运动而运动,加大载体内部惯性摆的摆动自由度,进而加大能量获取率,为八种结构中最佳选择。

双向自调角惯性摆机构模型是在原有单惯性摆模型基础上施加横向和纵向两个方向的转动自由度,可以通过加两个滑道(约束)的方法来实现。根据载体外形尺寸和波向角度的选择以及波浪力公式,可以获得相应的波浪力和力矩。在此波浪力和力矩的作用下,双向自调角型惯性摆具有三个自由度的运动,即惯性摆与滑道 1 间的转动自由度,滑道 1 与滑道 2 的转动自由度,滑道 2 与外部载体间的转动自由度,其摆角情况如图 6-14 所示。

由图可见,双向自调角惯性摆三个自由度上的摆动角度均较大,有利于能量的获取和转换,而滑道 1 和滑道 2 的转动都会加强惯性摆的摆动幅度,进而促使惯性摆获取更多能量,是比较理想的结构方式。由于采用本方法时能量的输出从惯性摆的摆动获得,将双向子调角时惯性摆在 $\gamma = 45°$ 时获得的摆角与单惯性摆在 $\gamma = 45°$ 时获得的摆角进行对比,结果如图 6-15 所示。双向自调角时,摆与滑道 1 相连,其相对摆角变化范围为:$-3.746\ 5° \sim 5.514\ 3°$;单摆摆动时,摆与其壳体直接相连,相对摆角变化范围为:$-2.904\ 2° \sim 4.554\ 6°$。从两种惯性摆结构获取相对摆动角度可以看出,双向自调角摆动可以获取较大摆角。

而从惯性摆获取的角动能来看,则是多自由度的惯性摆结构形式获取的角动能较大。上述摆的结构基本属于串联结构形式,从结构设计和实现技术而言,自由度越多,结构就越复杂,成本和加工难度就越大,可靠性和稳定性可能会越差。因此采用哪种结构方式,需要从实际出发考虑。

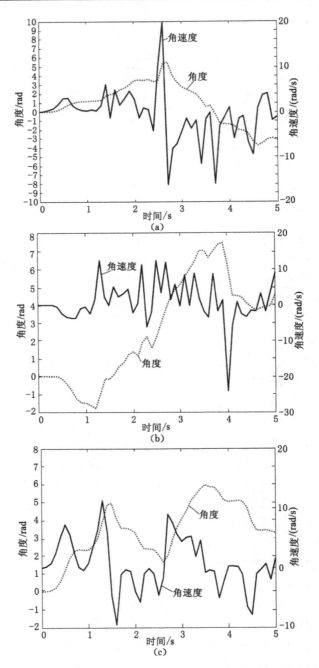

图 6-14　采用双向自调角时滑道和惯性摆的摆动情况

(a) 惯性摆摆角和角速度；(b) 滑道 1 的角度和角速度；(c) 滑道 2 的角度和角速度

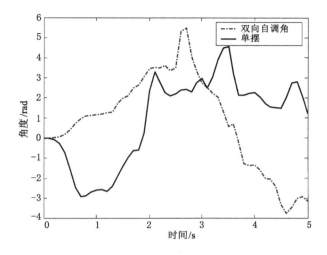

图 6-15　双向自调角与单自由度惯性摆时的摆动角度对比

6.5　并联摆结构形式

为了提高移动载体自主获取波浪能的效率和系统的稳定性,本节在已提出的 7 种可行的串联型惯性摆形式的基础上,以提高惯性摆能量吸收效率和稳定性为目的,提出了并联结构惯性摆的设计形式,并进行了初步研究。

将移动载体用一圆盘代替进行能量获取和转换的仿真研究,根据文献[65]可知,圆盘在水中所受垂向波浪力可由下式获得:

$$F_y = C_v \frac{\rho g H \pi}{\cosh kd} \cosh(kS_0) \frac{a}{k} J_1(ka) \cos\omega t \tag{6-1}$$

其中　C_v——垂直方向的波浪力系数;

ρ——水密度;

H——波高;

k——波数;

d——水深;

S_0——载体距离水底距离;

a——圆盘半径;

$J_1(*)$——贝塞尔函数。

采用波浪能计算公式如下:

$$P_{\text{inc}} = \frac{\rho g H^2 \lambda a}{8T}(1 + \frac{2kd}{\sin 2kd})(\text{W}) \qquad (6\text{-}2)$$

接下来证明该能量及能量获取比率可以进行载体的定位与驱动。设洋流 0.4 m/s，载体直径 0.44 m，长 1.5 m，海水黏性系数为 $0.942\ 5 \times 10^{-6}\ \text{m}^2 \cdot \text{s}$，载体保持位置所需推进器功率：

$$P = R \times V$$

式中，R 为总阻力，暂不考虑附体问题；V 为运载器航行速度。

$$R = R_f + R_{PV} + R_{AP} = \frac{1}{2}\rho V^2 S(C_f + \Delta C_f + C_{PV} + C_{AP})$$

图 6-16　并联形式

式中，海水密度 $\rho = 1\ 050\ \text{kg/m}^3$；速度 $V = 0.4\ \text{m/s}$；S 为湿表面积，R_f 为载体的摩擦阻力：

$$R_f = \frac{1}{2}\rho V^2 S(C_f + \Delta C_f)$$

R_{PV} 为载体形状阻力或压阻力：

$$R_{PV} = \frac{1}{2}\rho V^2 S C_{PV}$$

$$C_f = \frac{0.075}{(\lg Re - 2)^2}\frac{\Omega}{S} = 0.004\ 2$$

$$\Delta C_f = (0.3 \sim 0.5) \times 10^{-3}$$

取 $C_{PV} = 1.5 \times 10^{-3}$。所以，载体在水中运行所受阻力为：

$$R_T = 0.5 \times (4.2 + 0.5 + 1.5) \times 1 \times 0.42 \times 3.777\ 3 = 1.873\ 5(\text{N})$$

载体克服阻力定位所需的最小功率为：$P = 1.873\ 5 \times 0.4 = 0.749\ 4\ (\text{W})$

根据公式(6-2)可以得到，圆盘尺寸上具有的波浪功率为 32.336 2 W。在 ADAMS 中建模进行能量获取研究，由前面分析可知，在载体宽度上具有的波浪功率为 32.336 2 W，按照所设定的仿真条件和载体尺寸，取内部摆的质量 $m =$

$0.2 \times (m+M) = 5.75$ kg，两种仿真条件下用于吸收能量的弹簧的刚度系数和阻尼系数均相同，其中阻尼系数为临界阻尼系数，表征外接发电机负载。可以得到结果：单惯性摆中输出功率为 $1.277\ 8$ W，其波浪能吸收效率为 3.95%，并联摆结构输出功率为 $8.009\ 4$ W，能量吸收效率达到了 24.77%。因此，当正常海况下（2 m 浪高条件下），该系统可以自主获取足够的驱动能量和电控消耗。

已经证明，在无阻尼理想条件下，并联摆结构的捕获宽度比可以达到 50% 左右。可见，并联结构具有较大的能量获取优势，且两种形式获取的能量均大于载体在假设条件下定位控制所需要的能量。此外，并联机构因具有三自由度提取能量的优势，能够适合波浪随机性，进行波浪能的全方位提取。

第7章 非线性波激励下惯性摆能量获取研究

7.1 引　　言

前面几章对于惯性摆结构在规则波下的波浪能获取可行性、最大能量获取的结构优化以及时域及频域下系统获取能量的建模方法分别进行了研究和分析,本章针对非线性波激励条件下的惯性摆载体能量获取情况进行研究和分析。

7.2　非线性波激励下的波浪力

7.2.1　波谱的确定

第2章已经指出,对于非线性波,自由表面 $\eta(x,y,t)$ 是高度不规则,不可重复且相当复杂的。然而,Longuer-Higgins(1957)已经证明随机海中 $\eta(x,y,t)$ 可以被认为是多个相关波向角、振幅、相位和频率的简谐波的线性叠加。可以描述为:

$$\eta(x,y,t) = \sum_{n=1}^{\infty} \alpha_n \cos(k_n x \cos(\theta_w)_n + k_n y \sin(\theta_w)_n - \omega_n t + \varepsilon) \quad (7\text{-}1)$$

而随机海浪下总的平均波浪能为:

$$\bar{E} = \frac{1}{2}\rho g \sum_{i=1}^{\infty} \alpha_i^2 \quad (7\text{-}2)$$

而海浪通常都采用谱函数的方式来描述。长期观测和研究表明,海浪是广义平稳随机过程,并具有各态历经性。海浪谱就是海浪平稳各态历经过程的能量在频率域中的分布形式,它体现了海浪内部的结构以及波幅和波频的关系。

目前得到海浪谱有三种方法:一是定点记录,求得波面升高的自相关函数 $R(t)$,然后用傅立叶变换,得到谱密度函数;二是观测波高相对频率的分布,由此推算能量沿频率的分布;三是固定时间进行立体摄影,可以得到瞬时波浪特性,先求得关于波数 k 的谱密度函数,再根据波浪理论,换算成波频谱密度函数

$$S_\zeta(\omega) = \frac{2\omega}{g}S(k)$$

迄今已提出许多风浪频谱，其中有相当大一部分具有劳曼（Neumann）于 1953 年得到的一般形式：

$$S(\omega) = \frac{A}{\omega^p}\exp(-\frac{B}{\omega^q}) \tag{7-3}$$

其中，指数 p 常取 $4\sim6$，q 为 $2\sim4$，变量 A 及 B 中包含风要素（风速、风时、风距）或波要素（波高、周期）作为参量。

7.2.2　波浪要素的确定

7.2.2.1　波高的确定

从理论上讲，波频范围从 0 到 ∞，但实际上海浪谱集中在一狭窄的频段内，所以海浪谱是窄带谱。海浪谱的形式与风的情况有密切关系，风速增大，谱密度曲线下的面积也增大，峰点向低频移动，即使在同一风速下，海浪谱的形式亦不尽相同，它与海浪成长过程有关。

波高是从波浪功率谱中得到的，即

$$H_n = 2\sqrt{2\Delta\omega S(n\Delta\omega)} \tag{7-4}$$

其中，$\Delta\omega$ 是频率的步长，即 $\omega_n = n\Delta\omega$。

① 最大波 $H_{\max}$，$T_{H\max}$：波列中波高最大的波浪。

② 十分之一大波 $H_{1/10}$，$T_{1/10}$：波列中各波浪按波高大小排列后，取前面 $\frac{1}{10}$ 个波的平均波高和平均周期。

③ 有效波（三分之一大波）$H_{1/3}$，$T_{H1/3}$：按波高大小次序排列后，取前面 $\frac{1}{3}$ 个波的平均波高和平均周期。

④ 平均波 H，T：波列中所有波浪的平均波高和平均周期。

这些特征波中最常用的是有效波，西方文献中泛指海浪的波高、周期时多指 $H_{1/3}$，$T_{H1/3}$。

7.2.2.2　波长的确定

波长不易测得，只能根据 $\lambda\delta = H$ 推算，其中 δ 为波陡，当 λ 与 h 为同一累积概率时，δ 为常量，波长表示为：

$$\lambda_n = \frac{2\pi g}{(n\Delta\omega)^2}$$

其中，g 是重力加速度。

因此，可得干扰力矩的公式变为：

$$M(t) = I_{\alpha_0}\omega_0^2 \frac{\sqrt{2\Delta\omega}}{g} \sum_{n=1}^{N} (n\Delta\omega)^2 \sqrt{S(n\Delta\omega)} \cos(n\Delta\omega t + \varepsilon_n) \qquad (7\text{-}5)$$

7.2.2.3 相位角的确定

相位角是随机的,它的随机性决定了干扰力矩的随机性。

7.2.3 波浪力的确定

水中载体在随机海浪中所受到的波浪力主要有一阶波浪力和二阶波浪力,一阶波浪力是由于波动压力的存在而产生的,会使载体产生振荡;而二阶波浪力是由于载体上、下水质点速度不同,上下压力不同而形成的,是一个常正值,会将载体逐渐推向水面。随机海浪的波浪力计算起来很复杂,即使是采用较高级的计算机来进行运算,也需要较长时间,为了满足分析及仿真的需要,采用 Hirom 近似公式来计算近水面载体所受的波浪力[119],载体在近水面所受的波浪力为:

$$X_{\text{wave}} = \left[780 - 145 \sum_{i=1}^{N} F_{1i}\sin\omega_{ei}t \right] \sum_{i=1}^{N} F_{1i}\sin\omega_{ei}t \qquad (7\text{-}6)$$

$$Z_{\text{wave}} = 1070 \sum_{i=1}^{N} F_{1i}\cos\omega_{ei}t \qquad (7\text{-}7)$$

其中, $F_{1i} = a_i\omega_i^2 \exp(-\omega_i^2(h + \Delta h(t))/g)$

$$\omega_{ei} = \omega_i \left[1 - \frac{\omega_i V}{g}\cos\beta \right]$$

h 为潜艇航行深度; $\Delta h(t)$ 为深度的变化值; N 为组成海浪的谐波个数。

根据波浪理论[7],风浪的波高(或波倾角)随深度的增加而呈指数关系递减,即

$$\zeta_z = \zeta_0 e^{-kz} \quad \text{或} \quad a_z = a_0 e^{-kz}$$

式中　　ζ_z、a_z ——深度 z 处的波幅和波倾角;

ζ_0、a_0 ——水面波的波幅和波倾角;

k ——波数。

潜艇的摇摆运动也将随着深度的增加而减弱,下潜到一定深度,潜艇受风浪的影响变得很小。

7.3 仿真研究及惯性摆波浪能获取分析

根据海浪理论,由于各种海浪的频谱都是窄带谱,它们的能量主要集中在某一频段,所以仅选取某一频段中有限个谐波对海浪进行仿真,仿真结果足以满足对随机海浪的仿真精度。由于海浪对其中运动载体的干扰力矩主要与波倾角有

关,所以需要对海浪波倾角进行仿真。海浪在时间和空间上均具有不确定性,但根据统计结果,海浪波倾角可视为零均值的平稳随机过程。对随机海浪波倾角的仿真思想是,先将随机海浪在仿真频段内进行离散化。根据离散的海浪谱,确定在各个特定频率下的谐波波倾角,再确定各谐波波倾角的初相位,然后把每个谐波的波倾角叠加起来就得到仿真的长峰波随机海浪波倾角。

7.3.1　频谱的选择

以下通过频谱来模拟海浪,设欲模拟的对象谱 $S(\omega)$ 的能量绝大部分分布在 $\omega_L \sim \omega_H$ 范围内,其余部分可略而不计。把频率范围划分成 M 个区间,其间距为 $\Delta \omega_i = \omega_i - \omega_{i-1}$,取

$$\omega_i = (\omega_{i-1} + \omega_i)/2 \tag{7-8}$$

$$a_i = \sqrt{2S(\omega_i)\Delta\omega_i} \tag{7-9}$$

则将代表 M 个区间内波浪能的 M 个余弦波动叠加起来,即得海浪的波面[120]:

$$\eta(t) = \sum_{i=1}^{M} \sqrt{2S(\omega_i)\Delta\omega_i} \cos(\omega_i t + \varepsilon_i) \tag{7-10}$$

式中, ω_i 为第 i 个组成波的代表频率。

用 ITTC 推荐的海浪谱密度公式,即单参数海浪谱,也称为 PM 随机海浪谱[119],在公式(7-3)中,令 $p=5,q=4$,即:

$$S(\omega) = \frac{A}{\omega^5}\exp\left(-\frac{B}{\omega^4}\right) \tag{7-11}$$

式中, $A=0.78,B=3.11/H_{1/3}^2$ 。

则定义有义波高 $H_{1/3} = \sqrt{\dfrac{4A}{B}}$;平均波高 $\overline{H} = \sqrt{\dfrac{\pi}{2}\dfrac{A}{B}}$;谱峰周期 $T_m = 2\pi \Big/ \left(\dfrac{4B}{5}\right)^{1/4}$;平均频率 $\overline{\omega} = \dfrac{m_1}{m_0} = 1.23B^{1/4}$;平均周期 $\overline{T} = 5.13B^{-1/4}$ 。

根据文献[119]采用等间隔采样,各种海情的仿真频段和频率增量的选取方法见表 7-1。

表 7-1　　　　　　　　　各种海情的仿真频段和频率增量的选取

有义波高 $H_{1/3}/\mathrm{m}$	仿真频段/(rad/s)	频率增量 $\Delta\omega$/(rad/s)
<2.5	0.3~3.0	0.1
2.5~5.0	0.24~2.4	0.08
>5.0	0.08~1.7	0.06

由上表确定每个谐波频率 ω_1、ω_2、$\cdots$、ω_{28}，再根据式（7-11）求出相应的频谱 $S(\omega_1)$、$S(\omega_2)$、$\cdots$、$S(\omega_{28})$。

根据随机过程理论和海浪理论，空间上某一固定点的海浪波倾角 $\alpha(t)$ 的数学仿真模型为：

$$\alpha(t) = \sum_{i=1}^{28} \alpha_i(t) = \sum_{i=1}^{28} (\sqrt{2S_a(\omega_i)\Delta\omega}\cos(\omega_i + \varepsilon_i)) \tag{7-12}$$

式中　$\Delta\omega$——频率增量；

$S_a(\omega)$——波倾角能量谱密度，且有 $S_a(\omega) = \dfrac{\omega^4}{g^2}S(\omega)$；　　　　　（7-13）

g——重力加速度；

ε_i——每个波倾角的初相位，是 $0\sim2\pi$ 之间均匀分布的随机变量，在仿真程序中，通过一个伪随机数发生器产生各个谐波波倾角的初相位。

而考虑遭遇频率时，根据能量等效原则，遭遇频率能量谱密度函数与自然频率能量谱密度函数之间的关系为：

$$S_a(\omega_e) = S(\omega)/\left[1 - \frac{2\omega}{g}V\cos\beta\right] \tag{7-14}$$

此时，载体受到的横摇和纵摇遭遇波倾角分别为：

$$\alpha_e(t) = \left\{ \sum_{i=1}^{27} (\sqrt{2S_a(\omega_i)\Delta\omega}\cos(\omega_{ei}t + \varepsilon_i)) \right\}\sin\beta \tag{7-15}$$

$$\alpha_e(t) = \left\{ \sum_{i=1}^{27} (\sqrt{2S_a(\omega_i)\Delta\omega}\cos(\omega_{ei}t + \varepsilon_i)) \right\}\cos\beta \tag{7-16}$$

分别对两种条件下的波浪的波谱及波浪力进行仿真研究，获取波浪力数据并输入 ADAMS 软件中，在相同的载体条件下（各部分质量、尺寸均相同，采用单惯性摆形式）分析惯性摆能量获取情况，且暂不考虑干扰力矩的影响。根据式（7-2）可知，载体水平面积上具有的平均波浪能为：

$$\overline{E}_{波} = 1.895\,5 \times 10^5 \quad (\text{N} \cdot \text{m})$$

7.3.2　仿真结果

载体条件如表 7-2 所示，选取波浪仿真频段为 $0.24\sim2.4$ rad/s；频率间隔为 0.08；波浪有义波高为 3.75 m；水深均为 6 m；波浪平均周期为 7.48 s；载体航速 6 节。

表 7-2　　　　　　　　　　仿真实验中各部件参数

构件	尺寸/m	质量/kg	相对于质心的转动惯量/(kg·m²)		
			I_{xx}	I_{yy}	I_{zz}
外壳	$\phi 0.22$(外径) $\phi 0.215$(内径)	39.48	1.346	1.346	1.346
摆杆	$\phi 0.002\,5 \times 0.115$	0.018	1.94×10^{-5}	5.50×10^{-8}	1.94×10^{-5}
摆锤	$\phi 0.025 \times 0.058$	5	3.88×10^{-4}	2.78×10^{-4}	3.88×10^{-4}

分别对波向角为 $0°,30°,40°$ 的波浪条件进行仿真,结果如下。

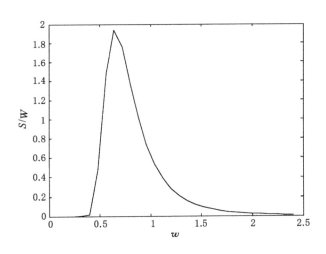

图 7-1　波向角 0°时波浪频谱

7.3.2.1　波向角 0°(见图 7-1 至图 7-3)

由仿真结果可知,惯性摆获取总能量值为 $2.483\,2 \times 10^5$ N·m,系统获取总能量为 $2.726\,3 \times 10^6$ N·m。

所以,

能量吸收比:$\eta_r = E_{摆}/E_{总} = \dfrac{2.483\,2 \times 10^5}{2.726\,3 \times 10^6} \times 100\% = 9.11\%$。

捕获宽度比:$\eta = E_{总}/\overline{E} = \dfrac{2.726\,3 \times 10^6}{20 \times 1.895\,5 \times 10^5} \times 100\% = 71.92\%$。

惯性摆的能量吸收效率:$\beta = \dfrac{2.483\,2 \times 10^5}{20 \times 1.895\,5 \times 10^5} = 6.55\%$

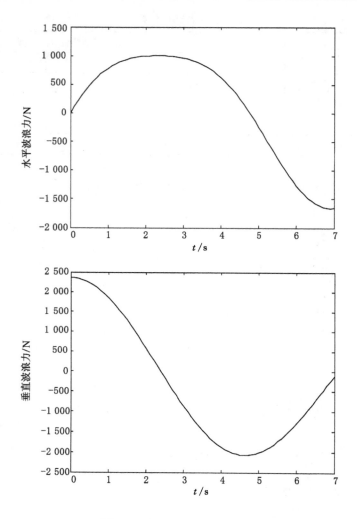

图 7-2 波向角 0°时载体所受波浪力

　　这与 3.6.3 节所述单惯性摆在摆锤质量为 22 kg 时所获得的能量吸收效率为 7.94% 相比,小了 1.39%,但是在总质量(系统)相同的前提下,本节仿真中摆锤的质量为 5 kg,要比 3.6.3 节的仿真条件小很多,根据 3.6.4 所得出的结论,随着摆锤与壳体质量比的增加,摆获取能量也会增加,因此,可以认为,随机浪下获得的摆锤获得的能量将比规则波下获得的能量要大。

7.3.2.2　波向角 30°(见图 7-4 至图 7-5)

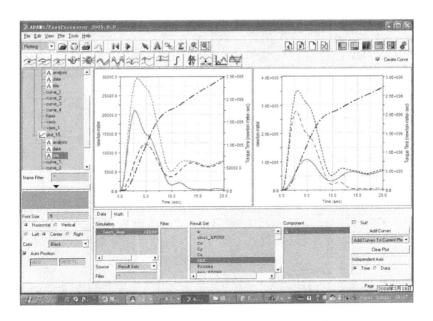

图 7-3　波向角 0°时惯性摆及整体系统获取能量

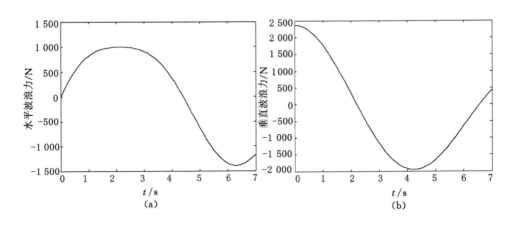

图 7-4　波向角 30°条件下的波浪力

（a）水平波浪力；（b）垂直波浪力

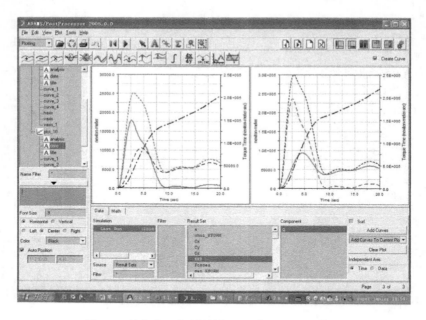

图 7-5　波向角 30°时惯性摆及整体系统获取能量

由仿真结果可知,惯性摆获取总能量值为 $2.028\ 8\times10^5$ N·m,系统获取总能量为 $2.395\ 0\times10^6$ N·m。

所以,

能量吸收比:$\eta_r=E_{摆}/E_{总}=\dfrac{2.028\ 8\times10^5}{2.395\ 0\times10^6}\times100\%=8.46\%$。

捕获宽度比:$\eta=E_{总}/\overline{E}=\dfrac{2.395\ 0\times10^6}{20\times1.895\ 5\times10^5}\times100\%=63.18\%$。

惯性摆的能量吸收效率:$\beta=\dfrac{2.028\ 8\times10^5}{20\times1.895\ 5\times10^5}=5.35\%$

7.3.2.3　波向角 40°(见图 7-6 至图 7-7)

由仿真结果可知,惯性摆获取总能量值为 $1.429\ 0\times10^5$ N·m,系统获取总能量为 $1.905\ 7\times10^6$ N·m。

所以,

能量吸收比:$\eta_r=E_{摆}/E_{总}=\dfrac{1.429\ 0\times10^5}{1.905\ 7\times10^6}\times100\%=7.50\%$。

捕获宽度比:$\eta=E_{总}/\overline{E}=\dfrac{1.905\ 7\times10^6}{20\times1.895\ 5\times10^5}\times100\%=50.27\%$。

惯性摆的能量吸收效率:$\beta=\dfrac{1.429\ 0\times10^5}{20\times1.895\ 5\times10^5}=3.77\%$

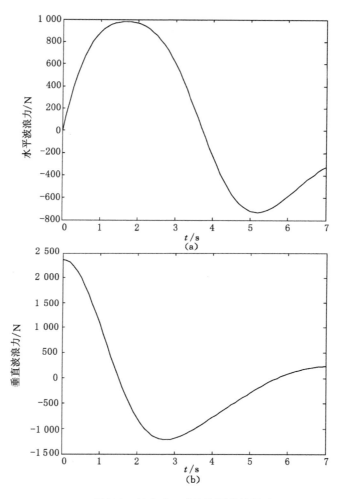

图 7-6　波向角 40°条件下的波浪力
（a）水平波浪力；（b）垂直波浪力

　　由此可见,在非线性波浪条件下,仍然是波向角为 0°时惯性摆的能量吸收效率最大,因此,可以根据 6.3.3 节提出的双向自调角结构来进行能量吸收的改进。

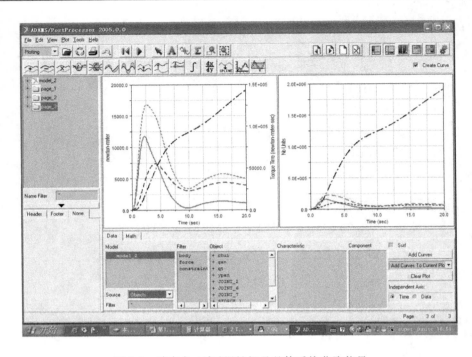

图 7-7　波向角 40°时惯性摆及整体系统获取能量

附　　录

文中使用主要符号列表

符号	名称及简单定义
1	波浪周期:两个连续的波峰通过某一固定点的间隔时间
H	波高:波峰到波谷的垂直距离
h	平均水深:静水面到海底的距离
g	重力加速度
λ	波长:两个连续波峰或两个连续波谷间的水平距离
ρ	海水密度
k	波数
$\bar{P}$	一个波长内单位宽度上的平均波浪势能
$\bar{E}$	一个波长内单位宽度上的平均波浪动能
$P_{density}$	波浪功率谱密度
a	波浪振幅:$a = H/2$
ω	波浪角频率
ε	波浪相位
γ	波浪波向角
$S(f)$	波浪谱密度函数
$S(f,\theta)$	波浪方向谱密度函数
f_0	谱能量峰值的频率
H_c	特征波高
f	波浪频率
$\bar{\theta}$	平均波向角
$G(\theta)$	方向传播因子
s	经验传播系数
F_x、F_z	作用在结构上的波浪力的水平分量和垂直分量

符号	名称及简单定义
S	结构的浸湿表面积
n_x、n_z	S面上的外法线的水平和垂直方向的投影
C_H、C_V	分别为水平和垂直方向的波浪力系数
M	外部载体壳体质量
R	外部载体半径
m	内部摆锤质量
r	内部摆锤半径
M'	$M' = m + M$ 载体系统总质量,摆杆质量忽略不计
l	摆杆长度
θ	摆杆同载体垂直轴间的夹角
J_1、J_2	外部载体和内部摆锤的转动惯量
$E_{载体}$、$P_{载体}$	外部载体获得的动能和势能
$E_{摆}$、$P_{摆}$	内部惯性摆获得的动能和势能
J_1、J_2	外部载体和内部摆锤的转动惯量
$E_{载体}$、$P_{载体}$	外部载体获得的动能和势能
$E_{摆}$、$P_{摆}$	内部惯性摆获得的动能和势能
u、v、w	分别是动坐标系原点速度的3个投影分量
p、q、r	绕动坐标原点转动角速度的3个投影分量
V_G	惯性摆载体质心的绝对速度
V_R	惯性摆载体质心的相对速度
V_T	载体坐标系相对地面坐标系的速度
ψ、θ、φ	分别为载体系统的偏航角、俯仰角和横滚角
β	侧滑角:载体速度矢量V_T与载体坐标平面Oxy之间的夹角
α	冲角:V_T与载体纵轴Ox之间的夹角
x_G、y_G、z_G	系统质心坐标
ω_e	载体遭遇频率
C_x,C_y,C_z	分别称为纵向力系数、垂向力系数、侧向力系数、
m_x,m_y,m_z	横滚力矩系数、偏航力矩系数、俯仰力矩系数
L	载体为长度
$\widehat{S}$	载体最大横截面积
R_e	流体雷诺数

符号	名称及简单定义
υ	流体运动黏性系数
η	捕获宽度比:载体在一个波浪周期内获得的平均能量同在其宽度上具有的平均波浪能量的比值
η_r	能量吸收比:惯性摆在一个波浪周期内获得的平均能量与整体系统获得的平均能量的比值
β	能量吸收影响因子(能量吸收效率):$\beta = \eta_r \cdot \eta$
$H_{1/3}$	随机波有义波高
$\overline{H}$	随机波平均波高
$\overline{\omega}$	随机波平均频率
$\overline{T}$	随机波平均周期
$\Delta h(t)$	载体运动深度的变化值
ζ_z、a_z	深度 z 处的波幅和波倾角
ζ_0、a_0	水面波的波幅和波倾角
$a(t)$	空间上某一固定点的海浪波倾角
$N \cdot m$	能量单位:$1 N \cdot m = 1 J$

参 考 文 献

[1] JENS PETER KOFOED，PETER FRIGAARD，ERIK FRIIS-MADSEN，et al. Prototype testing of the wave energy converter wave dragon[J]. Renewable energy,2006,(31):181-189.

[2] LLFALNES，JLOVSETH. Ocean wave energy[J]. Energy Policy,1991,19(8):768-775.

[3] 杨绍辉,何宏舟,李晖,等.点吸收式波浪能发电技术的研究现状与展望[J].海洋技术学报,2016,35(03):8-16.

[4] EMMANUEL B,Agamloh. A direct-drive wave energy converter with contactless force transmission system[D]. Oregon:Oregon state university, 2005.

[5] KBUDAL. Theory for absorption of wave power by a system of interacting bodies[J]. Journal of ship research,1977,(21):248-253.

[6]KBUDAL，JFALNES. A resonant point-absorber of ocean wave power[J]. Nature,1975,(256):478-479.

[7] JFALNES. Ocean waves and oscillating systems[M]. Cambridge:Cambridge university press,2002.

[8] KBUDAL，JFALNES. Interacting point-absorbers with controlled motion [J]. Power from sea waves, 1980: 381-399.

[9] DVEVANS. A Theory for wave power absorption by oscillating bodies [J]. Journal of fluid mechanics,1976,(77):1-25.

[10] DVEVANS, BPOGALLACHOIR, R P THOMAS. On the optimal design of an oscillating water column device[C]. Proceedings of second Europeanwave energy conference, Lisbon, Portugal,1996(1995):172-178.

[11] GDMARQUES. Stability study of the slip power recovery generator applied to the sea wave energy extraction[C]. Power Electronics Specialists Conference, PESC '92,1992(1):732-738.

[12] ABABARIT, HBAHMED, AHCLÉMENT,et al. Simulation of electric-

ity supply of an atlantic Island by offshore wind turbines and wave energy converters associated with a medium scale local energy storage [J]. Renewable energy,2006,(31):153-160.

[13] HEIDSMOEN. Simulation of a slack-moored heaving-buoy wave-energy converter with phase control[D]. Norwegian: Norwegian university of science and technology,1996.

[14] I A IVANOVA, HBERNHOFF, OÅGREN,et al. Simulated generator for wave energy extraction in deep water[J]. Ocean engineering, 2005 (32):1664-1678.

[15] SMWATSON, CJSUBICH, KDRIDLEY. Phase structure function of random wave fields[J]. Optics communications,2007(270):105-115.

[16] MONORATO, AROSBORNE, M SERIO. On the relation between two numerical methods for the computation of random surface gravity waves [J]. European journal of mechanics B/fluids,2007,(26):43-48.

[17] SKNEPPER, MNIEMEYER,RGALLETTI, et al. Eurodocker-a universal docking-downloading-recharging system for AUVs[C]. Fourth international conference on marine technology Ⅳ, 4th, Szczecin,2001.5.

[18] SALTER, SH,WAVE Power[J]. Nature,1974,(249):720-724.

[19] MYNETT, A SERMAN,. Characteristics of salter's cam for extracting energy from ocean waves[J]. Applied ocean research,1979,1(1):13-20.

[20] DEMETRIO D SERMAN, CHANG C MEI. Note on salter's energy absorber in random waves[J]. Ocean Engineering,1980,(7):477-490.

[21] YRichard, PDavid, RChris, et al. Pelamis: experience from concept to connection[J]. The royal society,2012,370(1959):365.

[22] MMCCORMICK, JMURTAGH, PMCCABE. Large-scale experimental study of a hinged-barge wave energy conversion system[C]. Third European wave energy conference, Patras, Greece,1998

[23] CARCAS, MC . The OPD Pelamis WEC: Current status and onward programme[J]. International journal of ambient energy,2003,24(1):21-28.

[24] NIELSEN K. Results of the first offshore wave power test in the Danish part of the north sea[C]. Third symposium on ocean wave energyutilization,Tokyo,1991.

[25] K THORBURN, H BERNHOFF, M LEIJON. Wave energy transmission system concepts for linear generator arrays[J]. Ocean Engineering,

2004，(31)：1339-1349.

[26] Manchester Bobber [EB/OL]. (2005-10-6)[2016-6-15]. http://www.manchesterbobber. com.

[27] MLEIJON, ODANIELSSON, M ERIKSSON, et al. An electrical approach to wave energy conversion[J]. Renewable Energy,2006,31(9)：1309-1319.

[28] J M B P CRUZ, A J N A. SARMENTO. Wave energy absorption by a submerged sphere of variable radius with a swinging single point moored tension line[J]. International journal of offshore and polar engineers,2005,15(1)：40-45.

[29] L BERGDAHL. Review of research in Sweden[C]. Workshop on Wave Energy R & D Held at Cork, EUR Rep,15079 E,1992.

[30] AF DE O,FALCAO. The shoreline OWCwave power plant at the Azores[C]. Proc. 4th European wave energy conference, Alborg Denmark,2000.

[31] AFDE O,FALCAO. Wave-power absorption by a periodic linear array of oscillating water columns[J]. Ocean engineering,2002,(29)：1163-1186.

[32] YSUENAGA, NTAKAGI, MSAKUTA. Study on wave energy absorption system with theplural oscillating water columns[C]. OCEANS '89. Proceedings,1989,1581-1583.

[33] 平丽. 振荡浮子式波能转换装置性能的研究[D]. 大连：大连理工大学. 2005.

[34] HEIDSMOEN. Tight-moored amplitude-limited heaving-buoy wave-energy converter with phase control[J]. Applied ocean research,1998,(20)：157-161.

[35] YWASHIO, HOSAWA, T OGATA. The open sea tests of the offshore floating type wave power device "Mighty Whale"-characteristics of wave energy absorption and power generation[C]. International conference on offshore mechanics and arctic engineering, Oslo, Norway,2002,(4)：579-585.

[36] AWS and trident energy collaborate to "control pressure" in new innovative wave energy device,Power from the seas[EB]. [2016-10-17]. http://www. tridentenergy. co. uk/technology/design-principles. php

[37] Martin L. Seadog pump fetches ocean power[EB]. [2008-5-28]. https://www. cnet. com/news/seadog-pump-fetches-ocean-power/

[38] FALNES J. Radiation impedance matrix and optimum power absorption

for interacting oscillators in surface waves[J]. Applied ocean research, 1980,2(2):75-80.

[39] BUDAL K. Theory for absorption of wave power by a system of interacting bodies, Journal of Ship Research,1977,21(4):248-253.

[40] JPKOFOED, PFRIGAARD, EFMADSEN , et al. Prototype testing of the wave energy converter wave dragon[J]. Renewable energy,2006,31(2):181-189.

[41]KOFOED J P, FRIGAARD P, FRIISMADSEN E, et al. Prototype testing of the wave energy converter wave dragon[J]. Renewable Energy,2006,31(2):181-189.

[42] THORPE T W, PICKEN M J. Wave energy devices and the marine environment[J]. IEE Proceedings A - Science, Measurement and Technology,2006,140(1):63-70.

[43] HADANO K, KOIRALA P, NAKANO K, et al. Energy obtained by the float-type wave system[C]. Oceans. IEEE,2004.

[44] M VANTORRE, R BANASIAK ,R VERHOEVEN. Modelling of hydraulic performance and wave energy extraction by a point absorber in heave[J]. Applied ocean research,2004,26(1-2):61-72.

[45] SU Y L , YOU Y G , ZHENG Y H . Investigation on the oscillating buoy wave power device[J]. China ocean engineering,2002,16(1):141-149.

[46] 王振鹏,游亚戈,盛松伟,等.基于鹰式装置实海况发电量的波浪能可利用性探究[J].新能源进展,2017,5(2):122-126.

[47] 张亚群,游亚戈,盛松伟,等.鹰式波浪能发电装置水动力学性能分析及优化[J].船舶力学,2017,21(5):533-540.

[48] TWTHORPE. A brief review of wave energy:A report produced for the UK department of trade and industry[R]. ETSU-R120,1999,5.

[49] GAAGGIDIS, ABRADSHAW, MJ FRENCH, et al. PS Frog MK5 WEC developments & design progress[C]. World Renewable Energy Congress (WREC 2005). Editors M. S. Imbabi and Mitchell,2005:1199-1204.

[50] APMCCABE, ABRADSHAW, JACMEADOWCROFT ,et al. Developments in the design of the PS Frog Mk 5 wave energy converter[J]. Renewable energy,2006,31(2):141-151.

[51] 沈新蕊,王延辉,杨绍琼,等.水下滑翔机技术发展现状与展望[J].水下无人系统学报,2018,26(2):89-106.

[52] Ø HASVOLD, N JSTØRKERSEN, SFORSETH , et al. Power sources for autonomous underwater vehicles. Journal of power sources, 2006, 162 (2): 935-942.

[53] MTPONTES, AFALCãO. Ocean energy conversion[C]. Proceedings of the Fourth European wave energy conference, Aalborg, Denmark, 2000: 168-194.

[54] 荷兰研制出风力驱动机器人[EB/OL]. [2005-6-20]. http://scitech. people. com. cn/GB/41163/3481841. html.

[55] DRBLIDBERG, JAMES C JALBERT. A solar autonomous underwater vehicle system[C]. OCEANS '97. MTS/IEEE conference proceedings, 1997, (2): 833-840.

[56] 胡政敏, 刘启帮, 肖志坚, 等. 波浪能滑翔器原理样机设计与性能测试[J], 水雷战与舰船防护, 2017, 25(1): 16-19.

[57] 俞建成, 孙朝阳, 张艾群. 海洋机器人环境能源收集利用技术现状[J]. 机器人, 2018, 40(1): 89-98.

[58] 董二宝, 颜钦, 张世武, 等. 基于波浪能获取的多关节放生机器鱼能源自给系统[J]. 机器人, 2009, 31(6): 507-512.

[59] 朱伟经. 基于波浪能获取的机器鱼能源自给系统研究[D]. 合肥: 中国科学技术大学, 2013.

[60] RGDEAN, RA DARYMPLE. Water wave mechanics for engineers and scientists[M]. World scientific press, 1991.

[61] B LEMEHAUTE. Introduction to hydrodynamics and water waves[M]. New York: Springer-Verlag, 1976.

[62] JOHN MWARNER. Wave Energy Conversion in a Random Sea. Ph. D. thesis, Halifax, Nova Scotia, Technical University of NOVA SCOTIA, 1997

[63] AIDYACHENKO, AOKOROTKEVICH, VEZAKHAROV. Weak Turbulent kolmogorov spectrum for surface gravity waves. Physical Review letters, 2004, 92(13): 134501.

[64] 石璞. 自主移动机器人能源问题研究[D]. 沈阳: 中国科学院沈阳自动化研究所, 2007.

[65] 李远林. 近海结构水动力学[M]. 广州: 华南理工大学出版社, 1999.

[66] 连琏, 顾云冠. 水下物体在波浪力作用下的运动计算[J]. 海洋工程, 1995 (1): 20-27.

[67] 王国强,张进平,马若丁. 虚拟样机技术及其在 ADAMS 上的实践[M]. 西安:西北工业大学出版社,2002.3.

[68] 李军. ADAMS 实例教程[M]. 北京:北京理工大学出版社,2002.

[69] 李天森. 鱼雷操纵性[M]. 北京:国防工业出版社,1999.

[70] 滕英祥. 船舶在风浪中的操纵运动仿真[D]. 大连:大连海事大学,2004.

[71] 李兢. 船舶在海浪中的运动与载荷的仿真研究[D]. 哈尔滨:哈尔滨工程大学, 2002.

[72] 王毓顺. 潜艇近水面空间运动联合控制系统研究[D]. 哈尔滨:哈尔滨工程大学,2001.

[73] 林海花,王言英. 一个确定 Morison 方程水动力系数的 BP 神经网络方法[J]. 中国海洋平台,2005,20(6):18-23.

[74] 陈玮琪,颜开,史淦君等. 水下航行体水动力参数智能辨识方法研究[J]. 船舶力学, 2007,11(2):40-46.

[75] 戴遗山,贺五洲. 简单格林函数法求解三维水动力系数[J]. 中国造船, 1986,(3):1-13.

[76] 张国庆. 舰船在波浪中运动的水动力数值计算方法研究[D]. 哈尔滨:哈尔滨工程大学,2004

[77] 孙晓雅,宋竞正,林焰. 源汇分布法求解非对称剖面水动力系数[J]. 大连海事大学学报,2006,32(2):106-110.

[78] FLTINSEN O, ZHAO R. Numerical predictions of ship motions at high forward speed. Physical sciences & engineering, 1991, 334 (1634): 241-252.

[79] TAKAKI M, LIN X. Theoretical prediction of seakeeping qualities of high speed vessels[C]. Proc. of the 3rd International Conference on Fast Sea Transportation. Hamburg: Schiffbautechnische Gesellschaft, 1995: 893-904.

[80] WANG C T, HORNG S J, CHIU F C. Hydrodynamic forces on the advancing slender body with speed effects[J]. International shipbuilding progress,1997,44(438):105-126.

[81] 段文洋. 船舶大幅运动非线性水动力研究[D]. 哈尔滨:哈尔滨工程大学,1995.

[82] 段文洋,马山. 船舶航行时水动力系数求解二维半理论的稳定算法[J]. 船舶力学,2004,8(4):27-34.

[83] 张亮. 波浪中三维运动物体水动力的时域解[D]. 哈尔滨:哈尔滨工程大

学,1992.

[84] 张洪雨,邢国英.摆线推进器任意方向角的水动力计算方法研究[J].水动力学研究与进展,2005,20(4):472-478.

[85] 俞聿修,史向宏.不规则波作用于群桩的水动力系数[J].海洋学报,1996,18(2):138-147.

[86] 林小平,刘祖源,程细得.操纵运动潜艇水动力计算研究[J].船海工程,2006,3(172):12-15.

[87] 张晓兔,滕斌,信书.船体曲面几何表达及水动力性能计算的 NURBS 方法[J].海洋工程,2004,22(2):7-12.

[88] 康海贵,李玉成,王洪荣.垂直桩柱正向波流力的计算及水动力系数 CD、CM 分析方法的探讨[J].水动力学研究与进展,1990,5(3):91-101.

[89] 王学亮,董艳秋,张艳芳.大型起重船水动力系数的研究[J].中国海上油气(工程),2003,15(5):12-15.

[90] 夏云峰,薛鸿超.非正交曲线同位网络三维水动力数值模型[J].河海大学学报,2002,30(6):74-78.

[91] 吴广怀,沈庆,陈徐均,等.浮体间距对多浮体系统水动力系数的影响[J].海洋工程,2003,21(4):29-34.

[92] 谭廷寿,何海峰.高阶面元法预报螺旋桨水动力性能[J].武汉理工大学学报,2005,29(1):20-22.

[93] 潘子英,吴宝山,沈泓萃.CFD 在潜艇操纵性水动力工程预报中的应用研究[J].船舶力学,2004,8(5):42-51.

[94] SUZUKI H, SUZUKI T, MIYAKI T. Turbulence measurements in a stein flow field of a ship model-series 60, CB=0.6. Journal of the Kansai society of naval architects, Japan,1998,230(0),123-132.

[95] SOTIROPOULOS F, PATEL V C. Application of Reynolds-stress transportmodels to stein and wake flow[J]. Journalofship research,1995,39(4):263-283.

[96] TAHARA Y, STEIN F, ROSEN B. An interactive approach for calculating ship boundary layers and wakes for nonzero Froudenumber[J]. Journal of computer Physical,1992,98(1):33-53.

[97] 李廷秋.三维船舶尾流场的数值计算及方形系数 Cb 和尾型 UV 度的变化对其尾流场影响的数值试验[D].武汉:武汉水运工程学院,1993.

[98] LARSSON L, PATEL V C, DYNE G. Ship viscous flow[C]. The Proceedings of 1990 SSPA-CTH-HHR Workshop. Gothenburg Sweden,1991.

[99] JANSON C E，KIM K J，LARSSON L，et al. Optimization of the series 60 hull from a resistance point of view[C]. Tokyo CFD Workshop，Tokyo，1994.

[100] CHEN HAMNCHING. Submarine flows studied by second-moment closure[J]. Journal of engineering mechanics，1995，121(10)：1136-1146.

[101] TAHARA Y，HIMENO Y. Applications of isotropic and anisotropic turbulence models to ship flow computation[J]. Journal of the Kansai society of naval architects Japan，1996，225：75-91.

[102] 翟宇毅,刘亮,陈为华等.一种超小型碟型水下机器人设计[J].西安电子科技大学学报,2005,32(3):465-467.

[103] D C HONG，S Y HONG，S W HONG. Numerical study on thereverse drift force of floating BBDB wave energy absorbers[J]. Ocean engineering，2004，(31)：1257-1294.

[104] E PELINOVSKY，A SERGEEVA. Numerical modeling of the KdV random wave field[J]. European journal of mechanics B/fluids，2006 (25)：425-434.

[105] M LEIJON，H BERNHOFF，J ISBERGet al. Multiphysics simulation of wave energy to electric energy conversion bypermanent magnet linear generator[J]. IEEE transactions on energy conversion，2005，20(1)：219-224.

[106] V VENUGOPAL，G H SMITH. The effect of wave period filtering on wave power extraction and device tuning[J]. Ocean engineering，2007，(34)：1120-1137.

[107] M FOLLEY，T J T WHITTAKER，A HENRY. The effect of water depth on theperformance of asmall surging wave energy converter[J]. Ocean engineering，2007，(34)：1265-1274.

[108] MÖZGER，A ALTUNKAYNAK，A SEN. Statistical investigation of expected wave energy and its reliability[J]. Energy conversion and management，2004，(45)：2173-2185.

[109] 朱大奇,史慧.人工神经网络原理及应用[M].北京:科学出版社,2006.

[110] 蒋宗礼.人工神经网络导论[M].北京:高等教育出版社,2001.

[111] 闻新,周露,王丹力等.MATLAB 神经网络应用设计[M].北京:科学出版社,2000.

[112] R H BRACEWELL. Frog and PS Frog：a Study of Two Reactionless O-

cean Wave Energy Converters[D]. USA：Lancaster University，1990.

[113] U A KORDE. Systems of reactively loaded coupled oscillating bodies in wave energy conversion[J]. Applied ocean research，2003，(25)：79-91.

[114] 陈伦军，罗延科，陈海虹等. 机械优化设计遗传算法[M]. 北京：机械工业出版社，2005.

[115] YU CHENG LI，YUN PENG ZHAO，FU KUN GUI. Numerical simulation of the hydrodynamic behaviour of submerged plane nets in current[J]. Ocean Engineering，2006，33(17-18)：2352-2368.

[116] 胡志强，林扬，谷海涛. 水下机器人粘性水动力数值计算方法研究[J]. 机器人，2007，29(2)：145-150.

[117] EMILIO F，CAMPANA，DANIELE PERI，et al. Shape optimization in ship hydrodynamics using ozone layer[J]. Physics Letters A，2006，359 (6,11)：681-684.

[118] AMIT TYAGI ，DEBABRATA SEN. Calculation of transverse hydrodynamic coefficients using computational fluid dynamic approach[J]. Ocean engineering，2006，33(5-6)：798-809.

[119] 戴余良. 潜艇在随机海浪中摇荡运动的仿真研究[J]. 计算机仿真，2001，18(5)：42-45.

[120] 俞聿修. 随机波浪及其工程应用[M]. 大连：大连理工大学出版社，2003. 11

[121] ABEYENEM，JHWILSON. Matching wave energy capacity and efficiency at part-load[C]. Oceans IEEE，2004.

图书在版编目（ＣＩＰ）数据

李云涛时尚书 / 李云涛著． —— 北京：北京联合出版公司，2017.3

ISBN 978-7-5502-9692-3

Ⅰ．①李… Ⅱ．①李… Ⅲ．①生活－知识－通俗读
物 Ⅳ．① Z228

中国版本图书馆 CIP 数据核字（2017）第 043441 号

李云涛时尚书

总 策 划：杨　意
策划编辑：毛　丹
责任编辑：龚　将　夏应鹏
内文设计：扣　子
封面设计：寇　淼
插　　画：唐冉冉（coco）

北京联合出版公司出版（北京市西城区德外大街83号楼9层 100088）
小森印刷（北京）有限公司印制
新华书店经销　北京联合天畅发行公司发行
字数 100 千字　700 毫米 ×980 毫米　1/16　15 印张
2017 年 3 月第 1 版　2017 年 4 月第 1 次印刷
ISBN 978-7-5502-9692-3
定价：48.00 元

参加瑞丽之星总决选，担任主评委，与中韩两国选手合影留念

3

1、出席韩国Sooryehan品牌活动
2、参加资深堂新品发布会
3、与赵丽颖等人一起应邀出席
　　瑞丽造型大赏上海活动

出席瑞丽模特大赛及粉丝节暨第四届美容大赏

1、与"不老女神"萧蔷等人一起录制《美丽俏佳人》
2、出席媒体活动并在活动结束后与粉丝合影

与众小鲜肉一起录制《男神女神秀》，并分享皮肤一直保鲜的秘诀

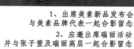

1、出席美素新品发布会
　　与美素品牌代表一起合影留念
2、应邀出席瑞丽活动
　　并与张予萱及瑞丽高层一起合影留念
3、参加娇韵诗品牌新品发布会
4、出席参加ChocolaBB新品发布会
5、出席IPSA茵芙莎的新品发布会

参加风尚大赏年度盛典
出席资生堂 VITAL-PERFECTION新品发布会
出席LADY POEER她·力量的媒体活动
受邀出席新浪时尚2016风格大赏

与喜剧女演员马丽一起出席媒体活动，
台上积极解答观众留言

《时尚男人帮》节目录制，实力打造完美造型，
帮助路人实现完美蜕变

1、PURE＆MILD泊美新品发布会
2、与主持人李艾在台上互动，
交流美妆护肤心得
3、成为新日电动车首席色彩顾问
并出席新日电动车跨界智能盛典

1、参加Giorgio Amani品牌活动
2、参加Marykay玫琳凯媒体活动，与负责人一起合影留念
3、成为北京电影学院特聘教授，并建立友好合作关系

2、参加网易举办的世界护肤风尚潮流发布会，
　　一起开启寻美中国行
3、现场示范精油按摩方法，
　　为大家传授更为正确的护肤小知识
4、成为瑞丽阳光基金爱心大使，为更多的人带来正能量
5、参加中国企业领袖与媒体领袖年会颁奖大典，
　　荣获年度广告最具有影响力奖

参加《美丽俏佳人》，与性感主持人蒋怡一起互
并为大家推荐《我的第一本美颜彩妆金典》

《哆啦A梦 伴我同行》慈善首映礼

1、与"清泉王子"胡夏、于湉等一众小鲜肉
　　录制《男神女神秀》节目
2、由《优家画报》&巴黎欧莱雅举办的美妆课堂，
　　为大家传授讲解精油的正确使用方法，
　　积极为大家解除疑惑，避免护肤盲区
3、为国际小姐中国赛区获奖佳丽颁奖，
　　与众佳丽一起合影留念
4、金鸡百花电影节唯一造型顾问，低调走红毯

出席SK-II媒体推广会
现场教学神仙水的正确使用手法及脸部保养秘